U0386674

叶笃正　中国科学院院士
　　　　中国科学院地球物理研究所
　　　　中国科学院大气物理研究所

地学经典丛书·第一辑

科学出版社

北京

内 容 简 介

本丛书精选地学中对某研究方向具有经典意义的著作，第一辑共12册。
《大气环流的若干基本问题》
《中国的黄土堆积》
《中国自然地理总论》
《中国沙漠概论》（修订版）
《中国冻土》
《南极冰川学》
《青藏高原隆升与环境效应》
《遥感大辞典》
《区域发展及其空间结构》
《中国大城市边缘区研究》
《中国沿海城镇密集地区空间集聚与扩散研究》
《区域综合开发的理论与案例》

图书在版编目（CIP）数据

地学经典丛书·第一辑/叶笃正等著. —北京：科学出版社，2018.5
ISBN 978-7-03-056739-0

Ⅰ. ①地… Ⅱ. ①叶… Ⅲ. ①地球科学 Ⅳ. ①P

中国版本图书馆CIP数据核字（2018）第045670号

责任编辑：朱海燕 石 珺／责任印制：张 伟
封面设计：黄华斌

科 学 出 版 社 出版
北京东黄城根北街16号
邮政编码：100717
http://www.sciencep.com

北京教图印刷有限公司 印刷
科学出版社发行 各地新华书店经销

*

2018年 5 月第 一 版 开本：787×1092 1/16
2018年11月第二次印刷 印张：10 1/2 插页：2
字数：8101 000

定价：100.00 元
（如有印装质量问题，我社负责调换）

重 印 前 言

吴国雄　　吕建华

《大气环流的若干基本问题》（叶笃正和朱抱真）初版于1958年，至今已经整整一个甲子。此次科学出版社选择此书以典藏版重印，就此书在科学上的重要意义和影响而言，无疑是非常适合的，也是对两位作者很好的纪念。但除了对经典的敬意，历史的怀旧和先贤的缅怀，重印此书更是对未来的展望。这是因为本书并不只是一部代表过去时代成就的著作，更是一部依然富有理论活力和现实意义的对大气环流理论的总结，年轻一代的理论工作者仍然可以从本书汲取营养。这里就本书成书的背景和特点稍作介绍，冀以帮助读者更好地在过去几十年中大气环流理论发展的背景中理解此书的独特地位和作用。

本书是现代长波理论发展以来对大气环流现象和理论作系统总结的首部概览性著作。二十世纪中叶，随着高空探测网络以及大气长波理论的发展，人们对大气环流的理解进一步深入。叶笃正先生作为芝加哥学派的重要成员，熟知当时大气科学界对大气环流理论争论的焦点。新中国成立以后，以叶笃正、顾震潮先生为首的中国科学家在大气环流方面又做出了大量原创性工作。1956年 N.A. Phillips 发表了历史上第一个成功的大气环流数值试验（Phillips, 1956）。次年叶笃正和朱抱真在北京的中国气象学会北京分会上报告了他们对大气环流基本问题认识的总结，并在1958年由科学出版社出版，也就是本书（以下简称《基本问题》）。西方同类性质的对大气环流理论的概览和总结的出现，要到近十年以后才由 E.N. Lorenz 应世界气象组织（WMO）的邀请撰写了《大气环流的性质和理论》一书（Lorenz, 1967）。

半个多世纪过去，《基本问题》一书的很多内容已经成为大气环流教材中的基本知识，而大气环流理论研究在近几十年中无论在研究内容的广度还是在理论的深度方面，也都取得了长足的进展。但是两位作者对大气环流理论的深刻洞见和对大气环流内在统一性的认识，并没有随着时间的流逝而失去光彩。相反地，随着观测、模式和理论的发展，很多《基本问题》已经涉及到的问题正在再次被新一代的理论工作者重视，而新的研究也往往证实了叶笃正和朱抱真先生在书中表达观点的正确性。从这个意义上说《基本问题》一书的很多观点是超越于作者所处的时代的。除了两位作者在书中表达的观点，他们采用的科学方法，他们对问题物理本质的理解，他们的广阔视野，他们的理论风格，还有他们对大气环流内在统一性的探索和认识，用今天的眼光看来依然新鲜而充满活力，能够给新一代的研究者们提供理论的营养。

单从《基本问题》全书目录就可以感觉到本书内容的丰富和全面，正如 Hoskins（Hoskins，2014）所说的那样，"章节目录显示他当时思想的开创性和横扫六合的气概"（"the chapter headings give an idea of the broad sweep and ground-breaking nature of his ideas at this time"）。全书共分为十一章。第一章从北半球大气环流的主要观测现象出发，提出了大气环流的九个主要问题，作为全书的纲领。这九个问题是：

（1）为什么大型的大气运动基本上维持地转风平衡？

（2）为什么有观测到的平均东西风带及与之相联系的三个经圈环流？西风急流的成因和维持机理是什么？

（3）西风带平均槽脊及其相联系的活动中心的形成原因是什么？

（4）平均温度场的形成原因是什么？

（5）大气环流的指数循环和季节突变的相关物理过程和动力、热力原因是什么？

（6）大气环流的（角）动量平衡机制是什么？

（7）大气环流的动能平衡是如何维持的？

（8）大气环流的热量平衡是如何维持的？

（9）大气水分循环和大气环流的内在联系是如何的？

两位作者指出以上问题又可以归结为两个方面：一是为什么大气环流具有人们所观测到的平均状态；另一方面是从已有的状态出发，讨论大气环流的内在统一，说明已有状态的维持。后面第二到第十章分别对各个问题介绍当时最新的研究，其中相当部分是当时由叶笃正和顾震潮等领导的中国科学家的工作。在此基础上，根据两位作者对大气环流的理解对这些研究作了深入的剖析和述评，并提出作者对以上各个问题的理论解释。最后的第十一章除了对各章的总结，作者更进一步地从大气环流的内在统一性将前面各章的内容有机地联系起来，给出了两位作者对大气环流的整体图像。

在对各单个问题作具体分析的各章中，都有很多现在读来依然富有新意的理论创见。比如在第三章对准地转平衡的分析中，已经提到了地转适应过程对尺度的依赖性并给出了物理解释。叶笃正对地转适应的进一步研究后来出现在他和李麦村发表的专著《大气运动的适应问题》（叶笃正和李麦村，1965）。在对西风带平均槽脊形成（第五章）的分析，除了介绍国外学者的线性微扰动理论，更介绍了巢纪平的有限振幅扰动理论（巢纪平，1957）。同时他们强调了中国科学家首先提出的地形和热力的共同和相互作用。以朱抱真（1957）为例，作者令人信服地指出单纯的地形或者热力强迫都不能解释冬季东亚和北美大槽的位置，而必须将两者结合起来才能有效地说明。在对角动量平衡的分析中，两位作者在书中给出了北半球地形对角动量平衡影响（即山脉力矩）及其季节变化的计算结果。Lorenz（1967）后来在他的专著中讨论角动量平衡时采用了他们的结果。

《基本问题》一书具有鲜明的理论风格。简单地说，这些风格体现在数学的简约和物理图像的清晰之间的统一，体现在作者从局部特殊现象中寻找普遍性规律的高超能力，更体现在作者从大气环流的复杂多面性背后寻求内在统一性的理论穿透力。这尤其突出地体现于两位作者对大气环流内在统一性的探索。在对大气环流的主要成员和过程分别作了深入的分析和讨论之后，两位作者进一步在第十一章中试图将上述各个方面的问题联系起来，探讨大气环流的内在统一性。这种内在统一性既体现在大气环流中各主要成员的相互关系中，又体现在大气环流中主要物理量平衡过程的相互关系中。两位作者明确指出，"大气环流的基本成员——经圈环流、东西风带、西风急流、大型涡旋、平均槽脊和平均温度场都是相互制约的内在统一体。而在这种内在统一的过程中长波不稳定所生成的大型涡旋成为中心环节，联系着各个方面"（《基本问题》第129页）。对于大气环流的基本物理过程，两位作者指出"大气斜压不稳定造成的大型扰动是它们（各种物理平衡过程）相互联系、相互制约的一个重要的中心环节，它将各种基本成员和各种主要物理量平衡过程有机地联系起来、贯串起来，成为大气环流的内在统一"（《基本问题》第133页）。联系最近几十年大气环流理论的进展，我们可以强烈感受到两位作者在书中所提出观点在物理上是非常深刻，而且超越于他们所处的时代，因为当时大气环流的理论研究尚处于萌芽阶段。

在本书出版的一个甲子以后，尽管对大气环流的观测和理论认识已经取得长足进展，一个完整统一的大气环流理论迄今尚未出现，因此两位作者在书中的探索对年轻一代的理论工作依然有重要的参考价值。另外，通过和气候变化问题相联系，《基本问题》一书所提出的问题增加了一个新的维度，也就是这些大气环流的基本成员、过程及其内在统一性会随气候变化而作什么样的变化，以及它们在气候变化又起什么作用等等。这些正是现在方兴未艾、广受关注的问题。在这样的时刻，重读《基本问题》不只是为了记住两位作者的历史贡献，更重要的是学习他们的远见和方法，从中汲取理论营养，解决新的关于大气环流的科学问题。

参考文献

Hoskins B. 2014. Obituary: Professor Duzheng Ye (1916–2013). Weather, 69(3): 82–83, doi:10.1002/wea.2281.

Lorenz E N. 1967. The Nature and Theory of the General Circulation of the Atmosphere. Geneva: World Meteorological Organization, 161pp.

Phillips N A. 1956. The general circulation of the atmosphere: A numerical experiment. Quart. J. Roy. Meteor. Soc., 82(352): 123–164.

巢纪平. 1957. 斜压西风带中大地形有限扰动的动力学. 气象学报, 28(4): 303–314. Chao Jih-ping. 1957. On the dynamics of orographically produced finite perturbations in a baroclinic westerlies. Acta Meteorologica Sinica (in Chinese), 28(4): 303–314.

叶笃正, 李麦村. 1965. 大气运动中的适应问题. 北京: 科学出版社, 126pp. Yeh Tu-cheng, Li Mai-tsun. 1965. On the Adaptation of the Atmospheric Motion (in Chinese). Beijing: Science Press, 126pp.

朱抱真. 1957. 大尺度热源、热汇和地形对西风带的常定扰动（二）. 气象学报, 28(3): 198–224. Chu Paochen. 1957. The steady state perturbations of the westerlies by the large-scale heat sources and sinks and earth's orography (II). Acta Meteorologica Sinica (in Chinese), 28(3): 198–224.

大气环流的若干基本問题

叶 篤 正   朱 抱 眞

（中国科学院地球物理研究所）

科 学 出 版 社
1 9 5 8

內 容 提 要

本書綜合評述了过去对於大气环流若干基本問題的主要研究成果，然后在这些研究成果的基础上，对一些重要的問題作了进一步的研究和比較全面的探討。

書中首先对所观測到的北半球大气环流的主要事实予以概括的描述，提出了大气环流中存在的重要問題，然后分別对其中若干基本問題的理論探討予以总結和研究。这些問題一方面是主要的平均环流，包括准地轉运动、平均緯向环流、水平环流、經圈环流、西風急流与温度場的形成和維持問題，以及作为大气环流狀态短期变化的長波不稳定問題。另一方面是大气环流中主要物理量的平衡，包括角动量平衡、动能平衡和热量平衡問題。从这些問題的討論中試圖闡明大气环流主要事实的本質，並提出作者对解决这些問題的一些看法。最后並將这些問題的相互关系进行了探討，說明大气环流本身如何形成为一个內在统一的整体。

本書可供气象研究工作者及大学气象專業教学工作者在工作上的参考。

大气环流的若干基本問題

著 者	叶 篤 正	朱 抱 眞	
出版者	科 学 出 版 社		

北 京 朝 陽 門 大 街 117 号
北京市登記出版营業許可証出字第 061 号

印刷者	中 国 科 学 院 印 刷 厂	
总經售	新 华 書 店	

1958 年 8 月第 一 版　　　書号：1298　印張：10 1/4
1959 年 4 月第二 次印刷　　字数：230,000
（京）1,501—2,700　　　开本：787×1092 1/16

目　　　录

序　　言

大气环流所包含的内容是比較广泛的，一般所說的大气环流的对象是有关大范圍的大气运行現象，它的水平空間尺度在数千公里以上，垂直空間尺度是10公里以上，时間尺度是1—2日以上。这种大尺度大气运动的現象很多，它們構成大气运行的基本狀态，不但影响天气的类型及其改变，也影响了气候的形成。因此关於大气环流的研究是極端重要的，並具有重大的实际意义。

我們知道气象学的主要目的在於認識大气的物理过程以便进行天气預报和气候形成的了解，最后达到控制天气、改造气候的理想。如果把天气預报从半經驗和外推的方法进一步發展为精确和客观的方法，我們就必須对控制大范圍运动的具体的物理过程和因子予以了解。在复杂的大气运行和天气变化中找出主要的因子，建立現实可用的描写大范圍运动的模式，对於天气預报工作特别是数值預报工作便提供了可靠的物理根据。而大气环流問題的研究正担負了这个任务。另外要更有效地利用气候資源，必須对气候形成过程和气候形成因子进行深刻的了解，在这个問題中大气环流的研究也具有極重要的作用。

人們开始研究大气环流虽然很早，但是对它的了解到40年代以后才比較明确。这是由於过去对大气的实际認識很不完全，而理論又脫离实际所造成的。近年来高空探測站迅速增加，气象学者們对於大气环流进行了很多的观測事实的分析，对三度空間大气的狀态和运行的根本特性有了深刻的認識，从而建立了能够和实际相联系的理論。近年来新鮮事物發現得很多，理論研究也更广泛深入。这些研究所得的結果已对天气預报以及气候形成等問題作出了重要的貢献，同时也还存在着許多重要的問題，对於这些問題不同的作者还有着不同的看法。因此在这个时候对於大气环流的若干主要問題作一个总結性的評述、討論和研究是适宜而有用的。

在本文中我們將首先对大范圍大气运行的基本狀况和重要現象予以概括的描写，然后从理論上对於若干重要現象形成的物理过程和因子給予定量或定性的討論、並說明它們是如何的相互关联与相互作用成为一个內在統一的整体。

在本文初稿完成后，作者曾於1957年7—9月在中国气象学会北京分会学术演講会上作了报告，得到到会同志的許多宝貴意见。經补充修改后全稿於1958年5月底完成。在整个工作过程中，作者曾和顧震潮同志作了多次有益的討論，特誌謝意。

第一章　北半球大气环流的主要观测現象

由於近年来高空探測事業的發展，尤其是在近三、五年以来在中国增加了許多探空和高空風观測站，使得我們对北半球整个范圍的大型运动的基本狀态有了相当程度的了解。在这一章中我們将把人們近年来所發現的有关北半球大气环流的重要的观测事实簡單地总結一下。并且根据这些事实現象提出大气环流中若干主要問題。

§1. 平均緯向环流

大气环流的最基本的狀态是盛行着以極地为中心而旋轉着的緯圈方向的气流，也就是說緯向环流在整个大气里是居於主导地位，因此我們可以首先討論平均緯向环流的垂直剖面。

圖1·1是 Mintz[1]所作的1月和7月沿整个地球上各經度平均的緯向环流的垂直剖面圖。我們可以看到明显的風帶分佈，在北半球近地面北極区冬夏都是一个东風帶的薄

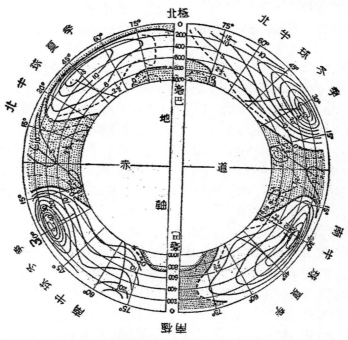

圖1·1　冬季和夏季根据所有經度平均的緯向風(等風速綫單位为米·秒$^{-1}$)[1]

層丘，它的厚度夏季要比冬季薄。东風風速在冬季約2米·秒$^{-1}$，夏季减弱約1米·秒$^{-1}$。在中緯度从地面向上都是西風，它在緯距上的寬度随着高度而扩大。西風强度随着高度增加，在冬季它的最大值位於北緯27°的200毫巴高空。風速約为40米·秒$^{-1}$。在夏季它的最大值北移，位於北緯42°的300—200毫巴之間。在夏季50毫巴以上全为东風，在冬季則比較复杂。

以上是所有經度上的平均值，它們显示了緯圈环流是最基本的狀态。 但是实际上緯圈环流在不同的經度上情况还不相同。下面我們要选几个有代表性的一定經度上的剖面，討論一下它們的不同情况。

(1)亞洲——关於亞洲的剖面有过很多研究，如叶篤正[2]，Chaudhury[3]，謝义炳和陈玉樵[4]，Mohri[5]，仇永炎[6]，鄔鴻勳与陈隆勳[7]等。圖1·2是仇永炎所作的 1951—1955 年东經 140° 的 1 月平均剖面。在这里西風急流的位置是在北緯 32° 的 250 毫巴左右，速度極为强烈，大約为 78 米·秒$^{-1}$，是北半球上最强的急流。

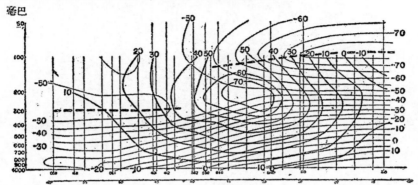

圖1·2　1951—1955 年五年 1 月份东經 140° 的平均剖面圖. 实綫为等緯向風速綫，間隔为 10 米·秒$^{-1}$；虛綫为等溫綫，間隔为 5°C；粗綫为对流層頂[6]

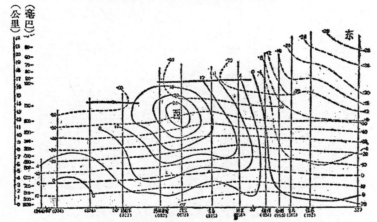

圖1·3　1956 年 7—8 月份东經 120° 的平均剖面圖. 实現为等緯向風速(米·秒$^{-1}$)，虛綫为溫度(°C)[8]

圖1·3是陶詩言和陈隆勳[8]所作的 1956 年夏季东經 120° 的剖面，这里的夏季急流在 40° 的 150 毫巴左右，强度在 25 米·秒$^{-1}$以上。比冬季減弱了 $^1/_3$，在副熱帶有一最大东風帶。

(2)北美洲——关於这个地区，尤其是沿西經 80° 的平均剖面的研究也比較多，最早的为 Willett[9]，随后为 Hess[10]，最近的是 Kochanski[11]所作的 1948—1951 年沿西經 80° 的平均剖面，圖1·4是 1 月的情况。在这个圖上我們看到中緯度急流的位置在北緯 37° 与 42° 之間，高度为 10—12 公里，强度为 50 米·秒$^{-1}$以上，这个急流有分为兩个的趋势。在北緯 20°，高度 27 公里左右有一副熱帶东風急流，强度为 20 米·秒$^{-1}$以上；这是东經 140°

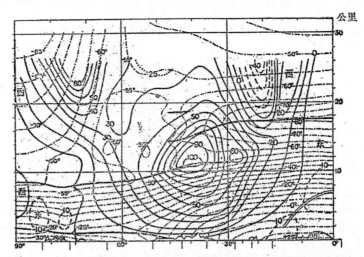

圖1·4　1月西經80°的平均剖面圖．細实綫为西風風速,虛綫为东風風速(單位:浬·小时⁻¹),
破綫为温度(°C),粗实綫为对流層頂[111].

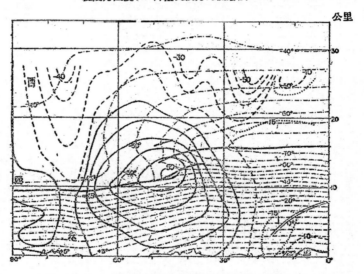

圖1·5　7月西經80°的平均剖面圖[111] (說明如圖1·4)

的剖面上所沒有的．此外应特別提出的是25公里以上高緯度的西風急流,通常称它为極地黑夜急流,其强度至少与中緯度的急流相当*)．

圖1·5是 Kochanski 的7月平均剖面圖．和1月最大不同的地方是在極地高空,这里原是西風急流,现在成了东風急流,强度在20米·秒⁻¹以上．此外中緯度西風急流減弱,中心速度比冬季小了一倍,并向北移．副热帶的东風急流冬夏無大变化．

(3)欧洲——关於欧洲的平均剖面的研究很少,过去有 James[12],Johnson[13],Gilchrist[14],Hubert 和 Dangel[15] 的剖面,但这些剖面都只是个別年份的情况．我們现在將后者的1952年1月由挪威德琅索(Tromsö 到西非洲的达喀尔(Daker)沿西欧低压槽槽

*) 这个急流的生成是因为冬季在極地自地面到很高的高空都不見陽光,造成極地高空低温所致.

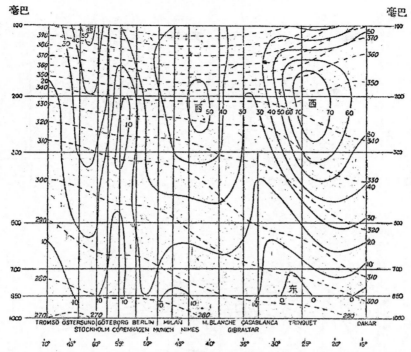

图 1·6 1952 年 1 月由挪威德隆索到西非海岸达喀尔的平均剖面图. 实线表示地转风速
（浬·小时[-1]），断线表示位温(°A)[15]

綫上所作的剖面圖作为例子（圖 1·6）。从这个圖上我們可以看到也是有兩支急流，而低緯
的更强些，大約在北非北緯 24° 为 35 米·秒[-1] 以上。急流的位置和强度都和 Namias 及
Clapp[16]的 1 月平均圖相合。这个低緯度的急流在 Johnson, Gilchrist 的圖上都曾出現
（但 James 的圖上則只有中緯度急流）。

另外在極地平流層上（北緯62°，100毫巴上）也有一个 25 米·秒[-1] 以上的極地黑夜急流。

在所有的剖面上我們都可看到：無論冬季或夏季对流層中的温度梯度並非均匀地分
佈，而是在急流下方相当地集中，形成一个强烈的鋒区，也就是說对流層大气的斜压性主
要集中在中緯度的西風急流的下方。在它的南北方都接近於正压大气。对流層頂在急流
的地方不連續，南为热帶对流頂，北为極地对流頂。另外在夏季的南北温度差異要比冬季
小得多。

比較上面的各剖面，我們可以發現沿不同經度大气的平均結構相差很大，無論風場或
温度場都是如此。为了說明这点，我們採用仇永炎[6]所作的冬季东經 140° 和西經 80° 的
風場差（圖 1·7）。圖上显示出在北緯 20--45° 間，东經 140° 的西風風速要比西經 80° 大
得多，二者差別的最大值达 35 米·秒[-1] 以上，位於北緯 30° 的 300 毫巴左右。温度場的差
異也是有意思的，北緯55° 以南，在 500 毫巴以上，东經 140° 的温度普遍地高於西經80°，
最大差值大於 6°C，位於北緯 35° 的 200 毫巴以上。500 毫巴以下东經140° 的温度則普
遍低於西經 80°，二处温度差最大达 -8°C，位於北緯 50° 的 700 毫巴左右。

圖1·8是亞洲东岸与美洲东岸夏季大气結構的比較。在比較冬季的情况时仇永炎採用
了Hess[10]的剖面。为了和圖1·7相比較，圖1·8是根据圖1·3和Hess的夏季剖面作出来的。

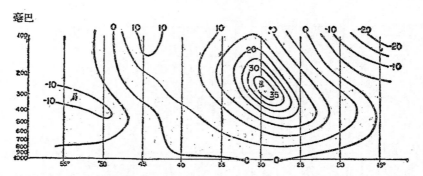

圖 1·7(a)　1 月东經 140° 的風場与西經 80° 各相同緯度上的風場之差,間隔为 5 米·秒⁻¹[6]

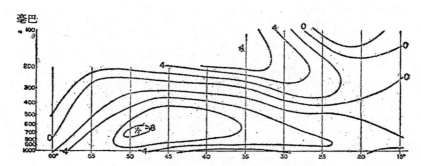

圖 1·7(b)　1 月东經 140° 的温度場与西經 80° 各相同緯度上的温度場之差,間隔为 2°C[6]

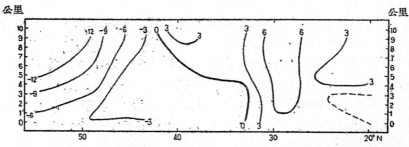

圖 1·8(a)　7 月东經 120° 的風場[8]与西經 80° 的風場[10]之差. 單位为米·秒⁻¹

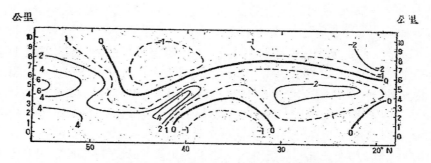

圖 1·8(b)　7 月东經 120° 的温度場[8]与西經 80° 的温度場[10]之差. 單位为 °C

　　夏季兩岸西風風速也是很不同的,北緯 40° 以北,美洲東岸風速大,在北緯 55° 的300
毫巴處兩者差值達 13 米·秒$^{-1}$.北緯 40° 以南則相反地亞洲東岸大於美洲東岸.由圖中我
們还可看出北緯 50° 以北亞洲沿岸溫度 高於美洲東岸,兩边最大的溫度差达 6°C, 位於
500 毫巴左右。北緯 50° 以南的情况大致与冬季情况正好相反,对流層上半部在亞洲沿岸
溫度低,对流層下半部除个別地区外,亞洲沿岸溫度高於北美東岸.兩者差值最大达 4°C,
位於北緯 40° 的 600 毫巴左右。 由亞美兩洲沿岸的冬夏溫度比較,可以看出在对流層上
部亞洲東岸溫度的年較差小,而美洲東岸大,而对流層下半部則相反(此点顧震潮[17]曾有
过討論)。

　　应当指出上面夏季亞、美兩洲東岸情况的相比,还不能算作最后定論,因为東經 120°
的剖面只是一年的平均,而西經 80° 的則是数年的平均.

§2. 平均的水平环流

　　上一节我們討論了平均緯向环流的垂直剖面,但是在这个基本的緯圈环流上又有着
許多的不均匀性。在这一节里我們将用 500 毫巴和海面气压的水平环流圖討論一下这些
不均匀性。 把上节的垂直剖面环流和下述兩層的水平环流合在一起,使得我們对大气运
行的三度空間的狀态得到一个清楚的概貌。

　　圖 1·9—1·12 是冬季和夏季的 500 毫巴高度和海面气压的平均圖,前者是陶詩言[18]
根据近 5 年亞洲的平均資料和美国气象局 1951 年出版的平均圖[18]繪制的。 后者是美国
气象局出版的平均圖。

　　由圖 1·9,我們可以看出冬季北半球环流的 最主要的特点是在中高緯度以極地为中
心盛行着沿緯圈方向的西風。 在西風帶的上面还有行星波尺度的平均槽脊,有三个明显
的大槽,一个在亞洲沿岸,由鄂克霍次海向低緯度的西南方向傾斜,第二个自美洲的大湖
区向低緯度的西南方向傾斜,第三个自欧洲的白海向低緯度的西南方向傾斜,这三个槽中
以第三个为最弱。 和三个槽相並列的为三个脊,脊的强度比槽要弱得多。 在较低的緯度
帶里槽的位置、数目和中高緯度帶里並不完全一致。 在那里还多出了美洲加里佛尼亞的
淺槽和地中海的淺槽。

　　在和圖 1·9 相对应的海面气压圖(圖 1·1)上,环流沿着緯圈方向上的不均匀性更为
显著,和槽脊相对应的低压、高压环流更为清楚。 主要特点是兩个大低压,一个在阿留申,
另一个在冰島,和一个强大的西伯利亞高压,此外的高压則强度较弱。 兩个低压是和高空
的兩个主槽相对应的,但是高空的第三个槽(白海槽)相对应的地面上沒有低压,只表現出
一个槽来。

　　在海面气压圖上所出現的阿留申和冰島低压区正是冬季北半球兩个低压最經常加深
的地方。 在欧洲白海区也是低压加深的地方,但远不如前二者那样厉害。

　　在这些地方加深的气旋是从那里来的呢? 从 Petterssen[20]所作出的冬季北半球气旋
生成頻率(圖 1·13)可以看得很清楚。 亞洲沿岸以外的洋面上是个气旋生成区,美洲東岸
的洋面也是一个气旋生成区,在这兩区生成的气旋順着高空平均主槽東面的气流前进到
阿留申和冰島附近加深。 斯堪的那維亞半島是另外一个气旋生成区,在这里所生的气旋
是和高空的第三个平均主槽有着关联的。 此外地中海和美洲的洛磯山東面都是气旋生成

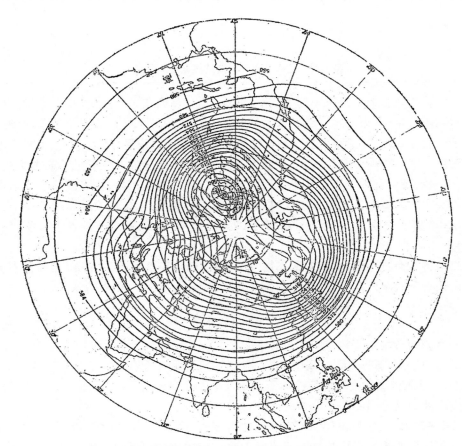

圖 1·9　北半球 500 毫巴平均高度圖(1 月)[18]

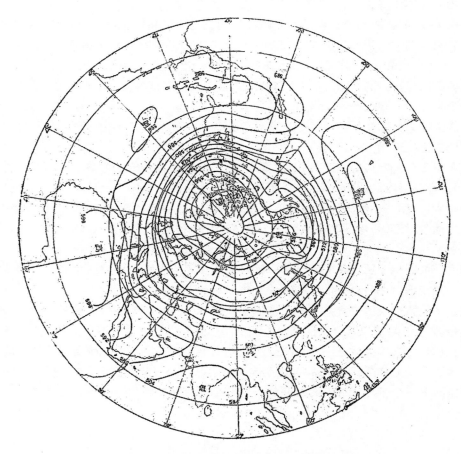

圖 1·10　北半球 500 毫巴平均高度圖(7 月)[18]

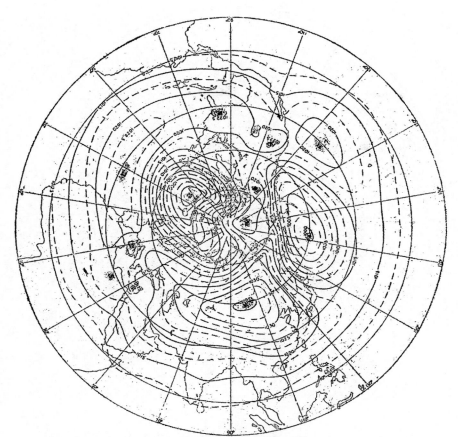

圖1·11　北半球海面平均气压圖(1月)[19]

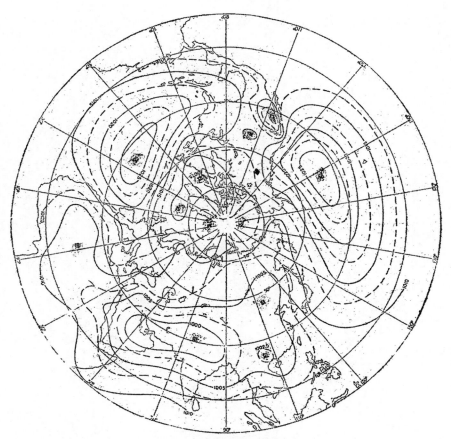

圖1·12　北半球海面平均气压圖(7月)[19]

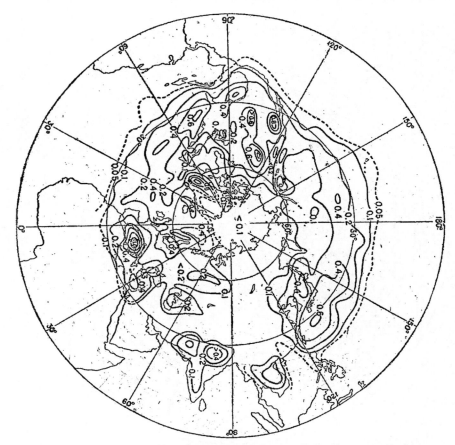

圖 1·13　冬季气旋生成的出現頻率圖(每 100,000 平方公里上的百分数)[20]

圖 1·14　夏季气旋生成的出現頻率圖(每 100,000 平方公里上的百分数)[20]

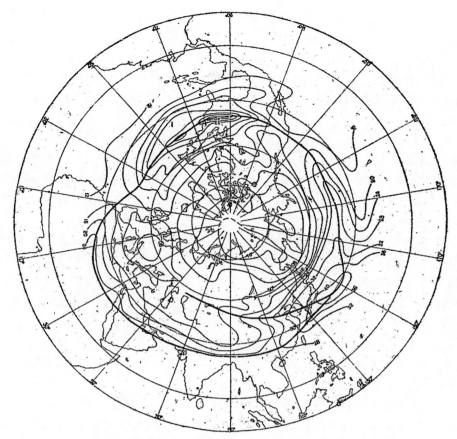

图 1·15 北半球 500 毫巴平均地转西风风速图（1 月），单位为米·秒$^{-1}$[18]

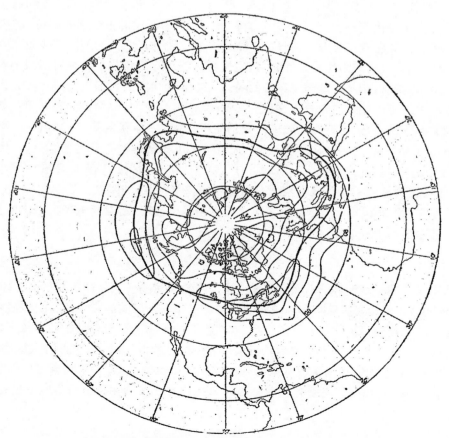

图 1·16 北半球 500 毫巴平均地转西风风速图（7 月），单位为米·秒$^{-1}$[18]

区,以頻率看这兩区要比前面所提到的三个区都要大,然而与这兩区相对应的高空槽的强度却很弱。

圖 1·11 是 7 月 500 毫巴平均圖。这張圖与 1 月最大的不同处,除整个风带的北移外,就是在中高緯出现了四个槽,比冬季多了一个。冬季是脊区的貝加尔湖以西现在成为槽区。在美洲东海岸的平均槽由冬至夏向东移动很小。但原在亞洲西岸的大槽却向东移动很多,到了堪察加半島以西。另外在欧洲方面变动也很大,原来冬季西欧海岸是一个平均脊区,现在轉成槽区。

在 7 月平均圖上还有一个显著的特点是强大的副热带高压帶,在兩个大洋上各有一个閉合中心。在较低的緯度区,美洲西岸的洋面上还有一个小槽出现。

和圖 1·11 相对应的 7 月海面平均气压圖(圖 1·12),冬夏环流的改变要比 500 毫巴大得多,在大陆上和海洋上冬夏的系统位相几乎完全相反,高的成了低的,低的成了高的。这在亞洲方面更为明显,也就是通常人們所說的海陆間大規模風系季节轉变的"季風"[21]。

我們还可看到在冬季高空平均槽和地面的低压是相对应着的,但是在夏季情况则很不明显,这意味着冬夏兩季高空平均槽在性質上可能有所不同,至少在平均槽的維持机制(Mechanism)上,冬夏有所不同。

圖 1·14 是 Petterssen[19] 的夏季气旋生成頻率分佈圖,将圖 1·14 与圖 1·13 比較我們可以發現,冬夏兩季气旋生成頻率最大区的位置强度的改变都比較小,只有地中海的那个最大区向西移动较多。

这样我們看到,冬夏海面气压系统变化很大,但 500 毫巴平均槽脊变化较小,而气旋生成頻率最大区变化更小。这种现象可能和后者与前者的統計方法不同有关,但是气旋生成頻率最大区的冬夏变化与海面气压系统的冬夏变化如此明显的不同至少意味着下列事实:冬夏气旋生成的动力作用分佈相似,但使得气旋加深的作用在冬夏可能很不相同。

为了更清楚地表示北半球西風环流的特点,这里給出陶詩言最近所作的 1 月和 7 月的 500 毫巴上的西風地轉風速分佈圖(圖 1·15—1·16)。我們首先看到的是几乎与緯圈完全平行的环繞整个半球的强西風帶,它的分佈並不是均匀的,在冬季有三个中心,兩个强中心一个在日本东南、另一个在美洲东岸,还有一个比較弱的中心在阿拉伯(这个中心位置由於記录较少尚待进一步肯定,Namias[16] 和黄仕松[22] 都指出在北非有一个急流中心)。应該指出的是冬季在有些經度上有兩支急流,在亞洲特别明显。

到了夏季(圖 1·16),整个半球上西風風速减弱是很显著的,强西風帶也向北移。急流的存在已不像冬季那样明显,更没有兩支的现象。

§3. 平均經圈环流

上面所敍述的是緯圈环流和平面环流,这里我們要討論一下平均經圈环流。18 世紀中叶 Hadley[23] 在討論信風时曾推論在低緯度的子午面上应該有一个閉合的經圈环流,此后这个环流被称为 Hadley 环型。由於空气的运动基本上符合於地轉風的关系,因此沿任何緯圈上的經向風速的平均必定接近於零,这样經圈环流如果存在的話,它的强度必定是很弱的,因而它的存在与否很久未得到肯定。到 1950 年 Riehl 和叶篤正[24] 利用海上記录証明 Hadley 环型是必須存在的。最近 Tucker[25] 又利用整个北半球上的表面風

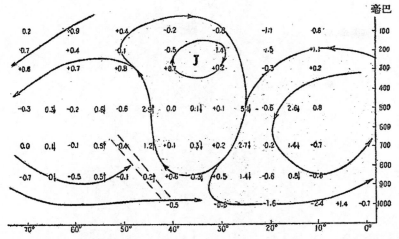

圖 1·17　1950 年北半球冬季平均經圈环流. 0°，10°，20°，……等綫圈上各标准等压面上的数值为
經向風速（單位为米·秒⁻¹）；10°—20°，20°—30°，……等緯度帶内各标准等压面上的数值为鉛直
風速，單位为毫米·秒⁻¹)；J 为西風急流平均位證，双断綫为平均鋒面的位證[26]

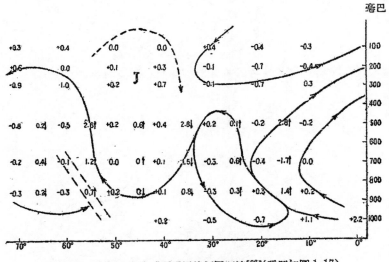

圖 1·18　1950 年北半球夏季平均經圈环流[26](說明如圖 1·17)

(Surface-wind) 証明低緯度正环型和中緯度逆环型的存在。 另外叶篤正和邓根云[26] 更
利用 Buch[27] 所作的关于 1950 年高空風的統計，繪出了 1950 年經圈环流的情况（圖
1·17—1·18）。

　　圖 1·17 是 1950 年冬季，圖 1·18 是夏季的平均經圈环流。在这兩張圖上都有三个环
型，两个正的各在低緯度和高緯度，中緯度的环型是逆的。 比較两个季节的情况，我們可
以看出冬季的經圈环流比較發展，强度大，所佔范围也大。在夏季环流萎縮，並且整个环
流型式向北作气候季节的移动。 最大的下沉运动在冬季北緯 20—30° 之間，在夏季移到
30—40° 之間，最大上升运动自冬至夏也移了 10 个緯度。 可以注意的是这个最大下降运
动和最大上升运动正分别处於平均副热高压和平均極鋒的緯度上。

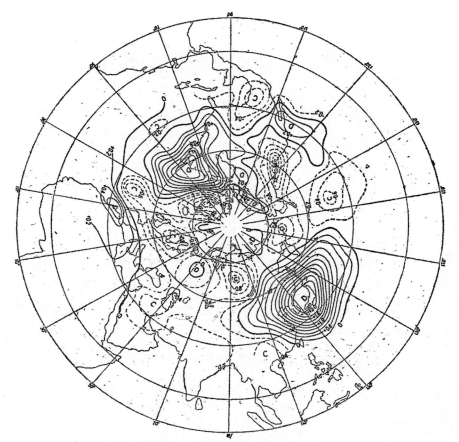

圖 1·19　北半球 1 月 500 毫巴平均輻散量[28]（單位：×10⁻⁷秒⁻¹）

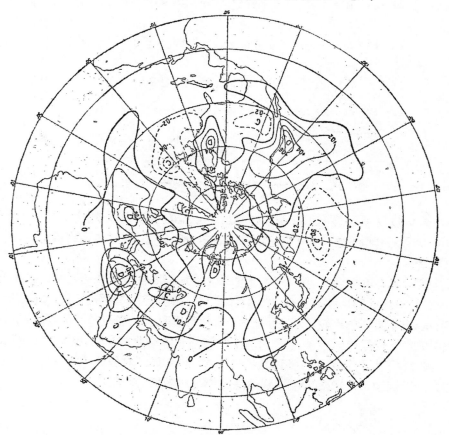

圖 1·20　北半球 7 月 500 毫巴平均輻散量[28]（單位：×10⁻⁷秒⁻¹）

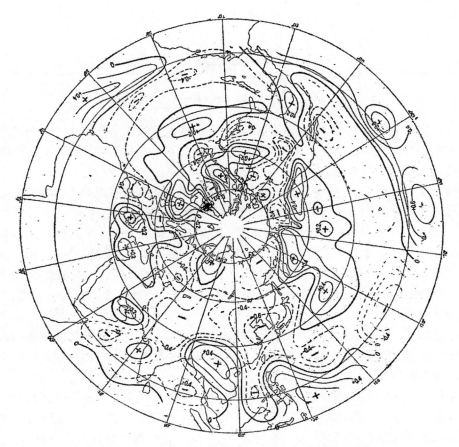

圖1·21 北半球1月对流層下半部平均垂直运动場[28]（單位;厘米·秒⁻¹）

圖1·22 北半球7月对流層下半部平均垂直运动場[28]（單位:厘米·秒⁻¹）

§4. 对流層下半部的平均垂直运动場

在大尺度的大气运动中，垂直速度很小，大約是水平速度的千分之一。但是这样小的垂直速度在大气环流的动力学上却有着很重要的意义（在以后各章中我們可以看到），所以有必要給出它的平均垂直速度的分佈。

朱抱眞[28]曾利用一种簡便方法，由 1,000 毫巴和 500 毫巴高度的平均圖以及地球表面向量風的平均圖算出对流層下半部的輻散和平均垂直速度。

圖 1·19 和圖 1·20 分别表示 1 月和 7 月 500 毫巴上的輻散量，我們明显地看到在 1 月大陆东岸和大洋的西部有着相对强大的輻散区，它們正相当 500 毫巴平均槽的前边，而在亞洲中部、美洲东岸和西欧沿海相当 500 毫巴平均脊的地方有較强的輻合区。另外在北緯 30° 緯圈上，太平洋和大西洋的东南岸都有一个閉合的輻散区，它們正相当於副热帶高压的东南部分。

到了夏季（7 月）亞洲大陆东岸和太平洋西部变成了輻合区，大西洋西部虽然也变成了輻合区，但是北美洲大陆东岸仍是輻散区的中心，这正和 500 毫巴平均槽的位置在美洲冬夏变化很小相符合。

在平均垂直运动的分佈圖（圖 1·21—1·22）中，我們看到在 1 月中整个亞洲大陆和太平洋西岸皆为下降运动所控制，这正是大陆高压所爆發的下沉冷空气所形成的，同样的現象發生於北美洲大陆的东部。在地中海、中南半島、太平洋中部和东北部、北美戴維斯海峽区和大西洋冰島盛行着上升气流，这正和这些地区的气旋活动頻繁相符合（参看圖 1·13）。

在太平洋东南部比較强的下沉气流区和大西洋南部的下沉气流帶是屬於这一帶的副热帶高压的活动范圍。

北緯 15° 以南的低緯区除了馬歇尔羣島附近外，都屬於上升气流区。

大地形对於垂直运动的分佈起了显著的影响，例如北美西岸狹長的上升运动区，和它东边强烈的下沉运动是由於洛磯山的强迫作用。在我国云貴高原区的上升运动和西藏高原西边的下降运动都具有地形作用的影响。

到 7 月里（圖 1·22）整个亞欧大陆普遍地为上升运动，强烈的上升气流在西藏高原、中亞和阿拉伯半島出現。同样的現象發現於洛磯山区。

太平洋上全区几为下降运动所控制，这正是副热帶高压势力的發展，在太平洋的东南岸也正相当於副热帶高压的东南部下降运动最为强烈。沿着地中海和北非的西岸也出現較强的下沉运动。

和冬季相像，在美洲东部夏季也有下沉运动，它是冷空气爆發的下降气流，而美洲东方海上的上升运动是屬於气旋的活动区（参看圖 1·14）。

和冬季一样，在北緯 20° 以南除了馬歇尔羣島以外都是上升气流区，冬夏没有什么改变。

§5. 平均温度場

圖 1·23 表示温度垂直分佈的平均圖[29]，这种温度垂直分佈的特征，将大气划分为两个不同的范圍，对流層和平流層。对流層的厚度也就是对流頂的高度大約为 8—16 公里，

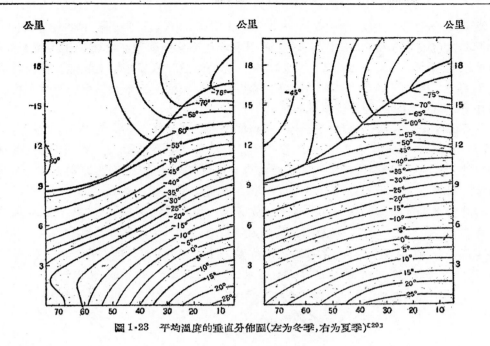

图 1·23　平均温度的垂直分佈圖(左为冬季,右为夏季)[20]

随着緯度而異。它在赤道最高,在極地最低,坡度变化最大的地方是在中緯度(实际上对流頂並不是連續的,往往在中緯度断开,参考圖 1·12 等),由冬到夏对流頂的高度是在升高的,而且坡度也减低了。

从圖上我們明显地看到在对流層中温度梯度冬季大於夏季,而平流層中恰好相反.在整个大气中最低的温度区不是在極地而是在赤道区的高空16公里左右,温度低於－75°C。

这是一般的情况,实际上在各个不同的地理区域中温度的垂直分佈並不一样,特別是在海洋和大陆上有些不同的特征。在水平方向上温度的分佈並非緯向均匀的,在不同的地理区很不相同。

由於地表面存在着不规则的地形,特別是在有着巨大高原的北半球上,海面温度圖是缺乏代表性的。表示对流層温度分佈的另一种圖是厚度圖,例如 1,000—700 毫巴的厚度或 1,000—500 毫巴的厚度圖代表各該層的平均温度場。表示对流層下半部平均温度分佈的 1,000—500 毫巴厚度的平均圖和 500 毫巴高度的平均圖非常相似,只是温度槽、脊的位置比高度槽、脊的位置略向西偏。厚度圖可以告訴我們对流層中主要鋒区的位置正与 500 毫巴上西風急流的位置一致。厚度圖还指出了,在海面温度圖上作为冷極中心的亞洲的雅庫次克地区只是近地面層的情况,在对流層下半部的气層中加拿大北部的冷極区並不比雅庫次克小多少。

§6. 大气环流的年变化和季节的交替

以上我們敍述了大气环流的 1 月和 7 月的平均情况,兩者可以代表冬季和夏季的基本情况。大气环流的年变化主要就是这兩种情况的演变,它們的过程構成了季节的交替,现在我們先从水平环流的年变化来討論这个問題。

　　根据陶詩言[17]最近所作的1月—12月的北半球500毫巴平均圖，我們作了緯圈50°上的500毫巴高度年变化圖(圖1·24)，可以表示北半球西風帶环流年变化的主要情况。我們可以看到由1月到4月和11月到12月槽脊的位置和强度基本上相似。在西風帶上有三个槽脊。由6月到8月槽脊的位置和强度也大致相似。三个大槽变成四个小槽。而5月和9—10月相当於两种环流的过渡。

　　5月的环流变化首先是原来在太平洋东部的槽减弱东移，並且变成一个比較寬平的槽，6月在亞洲中部开始有小槽生成，夏季的槽脊分佈形势於是形成。9月开始向冬季的槽脊形势过渡，太平洋西岸的低槽和西欧海岸的高脊开始建立，但它們的强度都比冬季要弱得多。另外原来在夏季烏拉尔山附近的弱脊也消失了。

　　陶詩言根据他所作的平均500毫巴高度圖又作出1月—12月平均500毫巴西風地轉風速圖，根据这些圖[17]我們也可看到强西風帶的分佈在6月—9月基本上相同。其他各月全半球的急流位置都維持在冬季的正常位置，而亞洲方面明显地存在着两支急流。　到

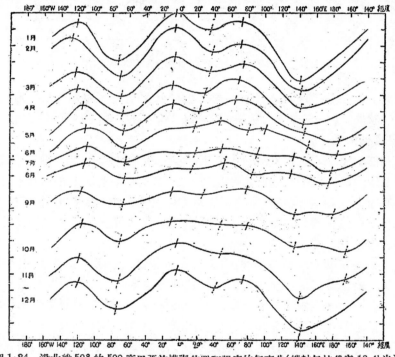

圖1·24　沿北緯50°的500毫巴平均槽脊位置和强度的年变化(縱軸每格代表10什米)

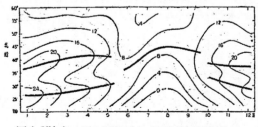

圖1·25(a)　东亞东經100—120°地区500毫巴西風風速的年变化(等風速綫單位为米·秒⁻¹)

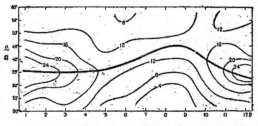

圖1·25(b)　北美西經100—80°地区500毫巴西風風速的年变化(等風速綫單位为米·秒⁻¹)

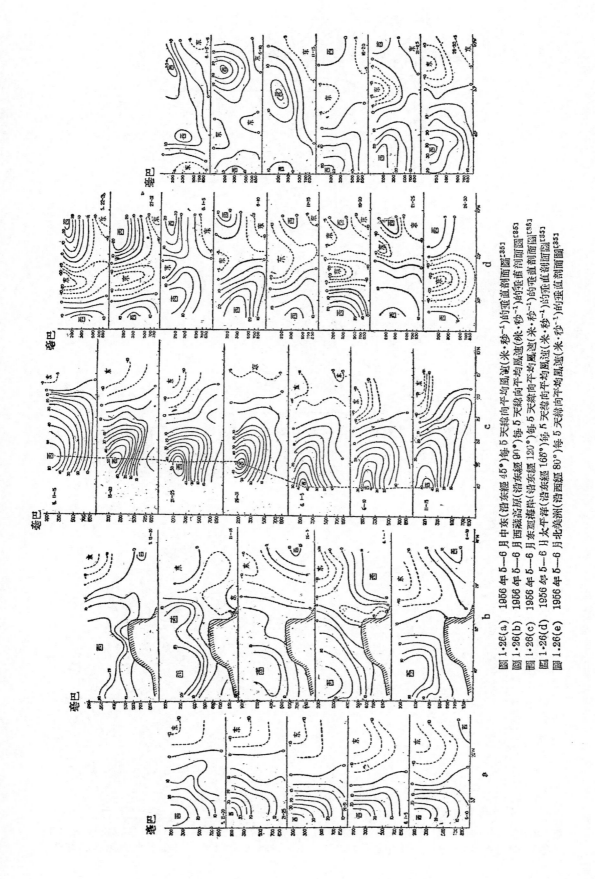

图 1·26(a)　1956 年 5—6 月中东(沿东经 45°)每 5 天纬向平均风速(米·秒⁻¹)的垂直剖面图[36]
图 1·26(b)　1956 年 5—6 月西藏高原(沿东经 90°)每 5 天纬向平均风速(米·秒⁻¹)的垂直剖面图[35]
图 1·26(c)　1956 年 5—6 月东亚海岸(沿东经 120°)每 5 天纬向平均风速(米·秒⁻¹)的垂直剖面图[35]
图 1·26(d)　1956 年 5—6 月太平洋(沿东经 165°)每 5 天纬向平均风速(米·秒⁻¹)的垂直剖面图[35]
图 1·26(e)　1956 年 5—6 月北美洲(沿西经 80°)每 5 天静向平均风速(米·秒⁻¹)的垂直剖面图[35]

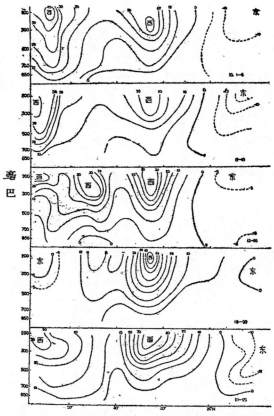

圖 1·27(a)　1956 年 10—11 月中東(沿東經 45°)每 5 天緯向平均風速(米·秒⁻¹)的垂直剖面圖[35]

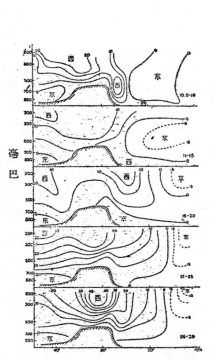

圖 1·27(b)　1956 年 10—11 月西藏高原(沿東經 90°)
每 5 天緯向平均風速(米·秒⁻¹)的垂直剖面圖[35]

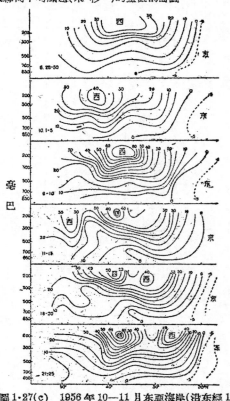

圖 1·27(c)　1956 年 10—11 月東亞海岸(沿東經 120°)
每 5 天緯向平均風速(米·秒⁻¹)的垂直剖面圖[35]

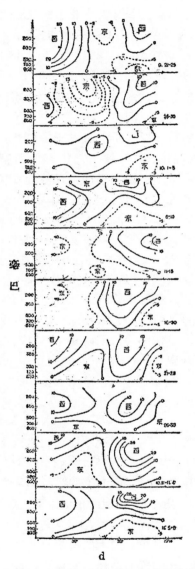

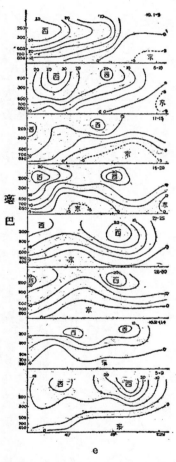

圖 1·27(d)　1956 年 10—11 月太平洋(沿东經 165°)
每 5 天緯向平均風速(米·秒⁻¹)的垂直剖面圖[35]

圖 1·27(e)　1956 年 10—11 月北美洲(沿西經 80°)
每 5 天緯向平均風速(米·秒⁻¹)的垂直剖面圖[35]

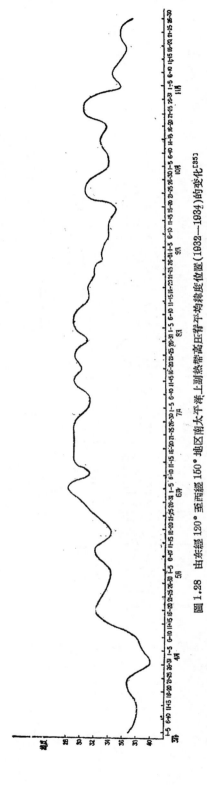

图 1.28　由东經 120° 至西經 160° 地区南太平洋上副热帶高压脊平均緯度位置(1932—1934)的变化[35]

了 6 月最显著的变化就是亞洲的南支急流突然地不見了。由 6 月到 7 月全北半球的急流位置有个突然的北移，平均移了 10 个緯度。这样的夏季情况維持到 9 月。由 9 月到 10 月又有个大变化，这就是在 10 月里亞洲又出現了南支急流。同时整个北半球急流的位置有个显著的南移，平均移动了 10 个緯度回到了冬季的位置。我們选择了东經 100—120° 地区和西經 100—80° 地区作出了平均 500 毫巴西風風速的年变化(如圖 1·25)。在这两张圖上集中地表現了上述的事实，同时也可看到东亞和北美的异同。

大气环流的这种年变化不仅表現在平均槽脊和西風的变化上，也表現在大气質量年变化和环流指数年变化上。楊鑑初[30] 在討論北半球大气質量月际变化問題中指出：北半球大气質量的减少率以 5—6 月为最大，增加率以 10—11 月为最大。Дзердзеевский 和 Монин[31] 計算的平均 500 毫巴环流指数年变化中，减小率也以 5—6 月为最大，增加率也以 9—10 月为最大。

从上述的事实我們可以得到这样的結論：冬季和夏季的大气环流型式是基本的、稳定的，佔了全年的相当长的时間，而由夏季过渡到冬季的秋季以及由冬季过渡到夏季的春季是短促的。因此在环流年变化中可以看作两次显著的变化(一次在 6 月相当夏季的来临，一次在 10 月相当冬季的来临)。这两次显著的变化在大型天气过程中的表現不是渐变的，而是具有一定程度跳躍性的突变。

很早人們就在东亞地区發現了这种迅速变化的現象，近年来人們把它作为突变現象：例如东亞南支急流是在 5 月底突然消灭的[32]，随着它的消灭印度季風爆發[33]，东亞温度出現急驟的上升。在中东地区 5 月底 6 月初副热帶的西風急流向北移去，上空建立了东風急流，对流層頂迅速升高[34]。同样的現象也出現在西藏高原和东亞海岸。和印度西南季風的建立及我国梅雨的开始相联系[8]。另外在东亞南支急流在 10 月中的建立也是迅速的[2]，印度西南季風的撤退也在此时[35]。

最近的研究[35] 發現这种突变現象不是局部地区的，而是半球范圍甚至全球范圍的。現以 1956 年 5 月底 6 月初的环流变化作为夏季环流开始突变的例子，圖 1·26 是中东、西藏高原、东亞海岸、太平洋中部和北美洲各区该时期每5天平均东西风速的南北剖面，可以看到在5月底到6月初这些地区上空的大气环流有着跳跃性的轉变，西風北撤，东風急流建立，並且这个突变日期在中东和西藏高原最早，向东逐渐落后，美洲最迟。

再以圖1·27作为冬季环流开始突变的例子。該圖表示在中东、西藏高原、东亞海岸、太平洋西岸和北美洲东岸西風急流在初冬时期中迅速向南移动，然而这个变化不像6月初东風急流北移那样明显。

必須指出，上面的討論是以大范圍500毫巴上的高空平均槽脊和西風風速分佈的基本形式出發的，結果得到大气环流的年变化中基本上是夏季环流和冬季环流兩种形式的交替，春、秋兩季是極为短促的。然而在环流的其他方面的特点上看春、秋兩季就不那样短，在天气过程上也具有一些过渡季节所固有的特征，例如在北半球西部环流指数的季节变化中3月初也有一个显著的减低[36]。东亞环流在3月至5月中移动性的系統特别多，日际变压率特别大[37]，在欧洲、阿拉斯加春季阻塞高压出現的頻率最大[38]，在东亞秋季来临时低空环流型式也有突变現象，在9月中一个比較强的冷高压下来后，我国卽有热低压的控制区轉变为冷高压的活动区[39]。

附帶指出这种大气环流的变化和季节交替上的表現在南半球上也同样出現，由於资料的不够还不能作肯定的結論，但如圖1·28中所表示的，在南半球1932—1934年西經120°至东經150°橫貫太平洋的高压脊（海面）脊綫位置在4月初有一个突然的变化，在5月末也有一个突然的变化。因此在大气环流年变化中的环流突变現象不是局地性的，而很可能是世界性的現象。

§7. 大气环流狀态的短期变化和环流指数

前几节中我們所討論的是大气环流的較长时期的平均狀态，或者是这些平均狀态的变化。在这一节里我們要討論一下大气环流在較短时期的变化，这个問题直接地和大型天气过程相关联，是大气环流問題中很重要的一个方面。

大气环流狀态的短期变化主要地表現在緯向环流型式的建立与破坏上，我們知道大范圍的环流型式經常出現以緯向环流为主导的型式，但这种緯向环流型式又經常發生破坏，它們的变化以不固定的周期进行着。在它們的变化过程中大气环流的整个狀态發生显著的变化，在緯圈环流盛行时高空长波系統明显地一个个向东移动，地面气压系統的进行方向也是沿着緯圈的，南北間空气的交换小，而南北間的温度梯度很强。

当緯向环流破坏时，高空长波崩潰，在高緯度和低緯度出現極为發展的阻塞高压和切断低压。南北間的空气交换很大，温度梯度的最大值也改变成东西向的。

Rossby和Willett[40]詳細地指出了这种变化过程中各阶段的特点（作为例子，如圖1·29是由高指数的緯圈环流型式演变到低指数的子午环流型式的过程[41]），这种过程的發生往往並不是在整个半球上，而是在一个較大的范圍中进行，某一个范圍的这类过程可以影响它的鄰近范圍。

这些年来人們利用了大范圍的探空资料，选择上述过程的典型例子进行了詳細的分析，例如Berggren, Bolin和Rossby[41]，Namias[42]，Palmén[43]，Defant[44]，陶詩言[45]等，他們更詳細地揭露了这种大規模环流轉变中的过程。地球物理所天气組[46]目前正在

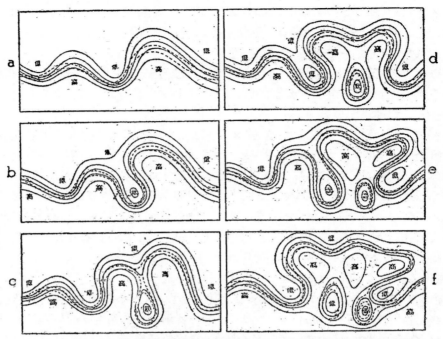

圖 1·29　500 毫巴等压面上不稳定波發展，在高緯度区形成阻塞高压的理想模式[41]

进行一个北半球范围的从子午环流型式向緯圈环流建立的过程分析。圖 1·30(a)—(c)就是这一过程起始和終止时期的 500 毫巴高空圖。在 1956 年 2 月 21 日的圖 1·30 (a) 上，大西洋东部和欧洲大陆上有着極为發展的阻塞高压，在太平洋中部和北美洲大陆上有着相当發展的高压脊，由欧洲南部到中亚是切断低压所形成的低压带，在东亞和北美两岸都有較深的低压槽。这种强烈的子午环流型式經过大約 10 天的时間到 2 月 29 日几乎鳌个半球范围上都改变成东西向的緯圈环流 [圖 1·30 (b)]，但从 3 月 4 日起在欧洲方面的低压槽开始加深，强西風环流开始崩潰，到 3 月 10 日又成为南北环流極为發展的 形 势 [圖 1·30(c)]。这一个循环大約需时 3 周。改变最大的区域是在大西洋东部和欧洲大陆。

　　此外人們更利用不同的具体指标表示这种变化。最早的是 Rossby[47]，他用表示北半球 35—55° 間西風平均速度的环流指数描写上述变化，将緯向环流盛行期称为高 指 数 环流，将緯向环流破坏时称为低指数环流。以后 Дзердзеевский 和 Монин[30] 为了仔細地表示緯向环流的狀况，取各緯圈上气压平均值的緯向廓綫的坡度作为环流指数。在欧洲方面有的苏联学者也用經向度作为环流指数[48]，另外苏联的学者 Гирс[49] 也利用环流系統的模型，例如西方式，东方式，子午式*)；来討論上述过程的演变，西方式相当高指数环流，子午式相当低指数环流，东方式则相当西伯利亚高压脊向西發展的形势。Гирс 認为环流型式的轉变是通过这三种型式的交替过程組織成功的。

　　这种环流指数变化所組成一个循环(指数循环)的週期不是固定的，大約为 3—8 个星期。由於一切大气过程週期划分的意义，在於划分它的自然边界以及确定它的实际延續时期，所以苏联学者将这种指数的週期和長期预告上的自然週期联系起来。

───────────

　*) 这些型式原来是 Г. Я. Вангенгейм(1941)討論地面环流时引入的。

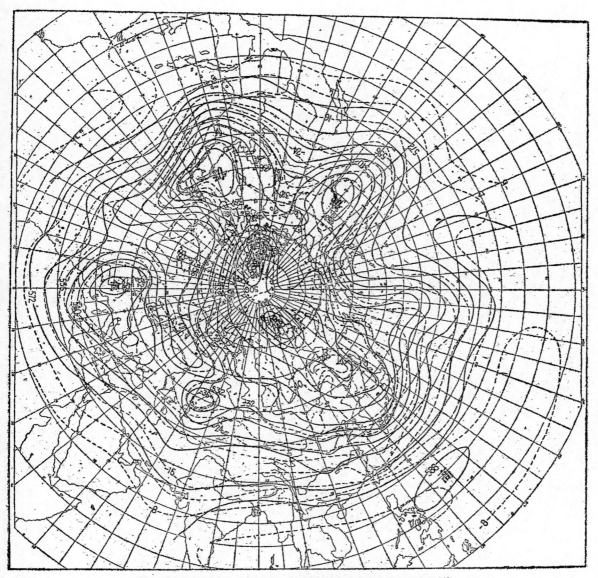

图 1 30(a) 1956 年 2 月 21 日 15 世界时北半球 500 毫巴高度图[46]

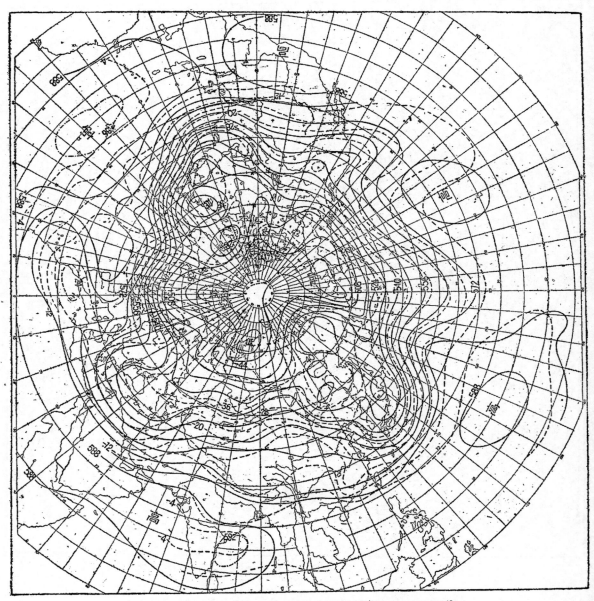

圖 1·30(b) 1956 年 2 月 29 日 15 世界时北半球 500 毫巴高度圖[46]

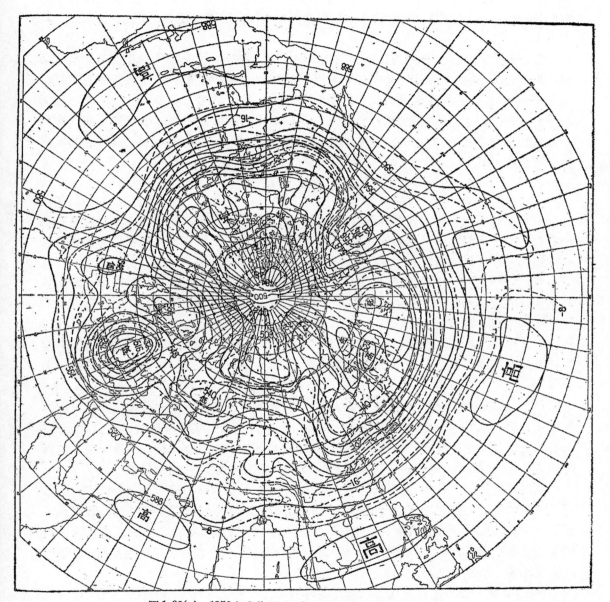

圖 1·30(c)　1956 年 3 月 10 日 15 世界时北半球 500 毫巴高度圖

在环流指数轉換时大气的温度場也發生变化，Defant[50]作了这方面的分析．他指出当高指数时，在經向剖面上温度特性清楚而且完整；当低指数时，經向剖面比較复杂，代表性不足． 当極地强烈冷却及中低緯度强烈增热时，从低指数型轉換到高指数型时就与經向环流逐渐消失相結合，在这时环流是緯向运动的过程． 在相反的情况下，由高指数型轉到低指数型时，产生了很大的經向气流，在冷舌中空气具有下沉运动，而暖脊西部空气具有上升运动．

指数循环不仅仅表示西風風速的改变，Riehl, 叶篤正和 Laseur[51]更把它联系到运动量平衡問题上，他們从各緯度角动量5天平均距平的时間变化圖發現：正負距平区有系統地在南北方向上移动，距平最强的所在緯度似乎也並不一定，並且指数循环应該認为是运动量的一种半週期性的南北輸送，而不單純是中緯度运动量的变动． 由於整个半球的总角动量是几乎不变的，因此低指数环流不但表示中緯度西風的減弱，也表示高緯区和低緯区角动量的增强．

§8. 大气环流中的几个主要問題

在以上各节里我們对大气环流的基本狀态已經給出了一个概括的描述，在这些描述中我們看到許多重要而又有趣的現象． 如何对这些現象予以物理上的說明和解釋是大气环流研究中要解决的問題．

首先，我們看到大型的大气运动基本上是平衡的，也就是大型大气运动基本上是地轉風运动． 我們又知道大气运动所以能有变化就必須在动力上發生不平衡． 所以純粹在地轉風条件下，运动就不会有所改变；运动要有所改变，就必須地轉風条件經常地受到破坏． 但是有趣地是地轉風平衡虽然被破坏，但是它的恢复又非常迅速（所以在一般的情况下非地轉風是难以測量出来的）． 因此大型的大气运动为什么基本上維持地轉風平衡是一个問題．

第二，我們知道在整个大气里基本上盛行着緯向气流，因此在經向平均剖面圖上能够明显地得到西風帶和东風帶的分佈，和这些風帶相联系的还有平均的經圈环流． 因此在大型的大气运动中为什么平均地有这样的东西風帶分佈，与东、西風帶相联系的三个經圈环流又是如何形成的，兩者的关系怎样，这些都是人們很早就注意到的問題．

在对流層的西風帶中，西風風速不是均匀的分佈，而是强烈地集中在一个狭窄的区域形成西風急流． 与此相对应的对流層大气的温度梯度也不是均匀地由赤道向極地降低，而是集中在狭窄的緯度帶內形成平均極鋒，並且这个極鋒紧密地位於急流的下面． 因此西風急流的成因是什么，温度梯度的集中原因是什么，兩者形成的因果关系如何，也是近代大气环流中的重要問題．

第三，更进一步地观察又告訴我們在基本的緯向气流上又有着不规则的扰动，这就是高空西風帶的槽脊． 这些槽脊經常地在移动着，它們的移动规律是怎样的；这些扰动的生成及其强度的变化常常和上下游的扰动相互影响，这种相互作用的过程是由什么建立的． 另外这些槽脊在移动的过程中經常地在固定地区加深，因此使得在平均圖上有明显的槽脊在固定的地理位置上出現，和这些平均槽脊相联系的就是准永久性的大气活动中心．然而平均槽脊及其相联系的活动中心的形成原因是什么，不同的学派提出不同的看法，也是近年来大气环流中常常爭論的一个問題．

　　第四，除了气流在平均狀态上这些特点以外，大气的温度場在平均狀态上也具有很明显的特色．在对流層中温度的水平梯度是由赤道指向极地，温度梯度在中緯度最大，垂直减温率到处几乎是等於常数．这些現象的成因是什么，为什么平均温度場具有这些特点，温度場和气流場具有什么关系，这也是大气环流的根本問題．

　　第五，大气环流既是經常地趋向於平均狀态而又不是長久地維持平均狀态，时常發生显著的变化．我們已經提出了兩种重要的变化：(1)緯向环流与經向环流的交替，也就是大气环流的指数循环．大气环流的这种短期变动是經过怎样的过程，緯向环流崩潰的机制是什么，經向环流中的阻塞高压和切断低压是如何形成的，这些問題在近年来已經有了不少的研究．(2)大气环流的月平均狀态有着清楚的年变化，它們構成了季节的交替．其中冬季和夏季是基本的，作为过渡季节的春季和秋季是短促的，这种季节变化往往是急驟的，因此大气环流年变化的物理过程以及它們的动力和热力的原因也是大气环流中的一个基本問題．

　　第六，我們还知道一些外界因子經常地作用於大气，而大气又經常地維持着它的平均运动，保持着它的平衡狀态，而不是向一个极端的形势發展着．例如在大气下界存在着外在的地面摩擦力，它随时使得东、西風帶的風速减弱，但事实上中高緯度的西風环流和低緯度的东風环流是一直維持着，平均速度没有大的变化．但是这种动量平衡又是如何維持的呢？

　　第七，在地球和大气之間以及大气本身中存在着的摩擦力經常消耗大气的动能，根据Brunt[52]的估計，如果没有另外的补充，整个大气的动能将於7日內完全消耗完．但大气一直在运动着，平均动能未見有多少增减，这种动能平衡又是如何維持的．

　　第八，太陽、地球和大气之間的輻射加热过程，使得低緯度的輻射平衡是正的，而高緯度的輻射平衡是負的(这是 Simpson[53] 以及后来其他学者一系列的計算所証实的)．但是低緯度的温度並未年年增加，高緯度的温度也未年年减少．这种热量平衡又是如何維持着．

　　第九，从整个地球看，由海洋和陆地表面蒸發的水分以及大气本身中的水分通过一定的物理过程成为各种形式的降水重新落於海洋和陆地的表面．根据長年的观测，地球上各大洋的水面高度几百年来几乎是不变的，大陆上的总水量長久以来也没有什么增减，各河道流入海洋的平均逕流量也是个常数，因此整个地球上的水分总量通过复杂的水分循环过程是保持不变的．这种水分平衡又是如何維持的，水分循环必須通过大气环流来完成，反过来水分循环的结果所造成的水分的重新分佈势必又影响大气环流的狀态．因此水分循环与大气环流的內在关系如何，也是必須予以討論的．

　　由第六到第九，我們看到角动量、动能、热量和水分这些重要的物理量是經常和大气环流本身处於平衡的狀态，而前四者之間也相互影响，它們和大气环流構成內在统一的整体．这个整体的內在统一是經过怎样的过程完成的，它們詳細的具体情况如何，都需要我們予以回答．

　　以上我們提出了大气环流中的一些主要問題，这些問題的性质和解决方法可以分为兩个方面：一方面是大气环流为什么具有人們長时期所观测到的平均狀态，例如为什么有东西风带、西风急流和平均槽脊等，都需要从正面回答这些问题。另一方面是从已有的情况出发，討論大气环流的內在統一，說明已有狀态的維持。从問題解決方法上談，前一方面正相当由流体力学和热力学方程組直接求解滿足外在边界条件的运动狀态；后一方面正相当將运动方程以积分狀态表示，而代以实际資料的計算。要研究大气环流是如何形成的，这两方面的問題的研究和解決都是必要的。

因此在本書中將分別对下列主要問題予以討論。(1)控制大气环流的基本因子是什么；(2)大型大气运动为什么基本上是地轉風平衡；(3)平均东西風带及其相联系的平均經圈环流是如何形成的，西風急流又是如何生成和維持的；(4)西風带的平均槽脊及其联系的大气活动中心是由什么作用生成的；(5)平均温度場是如何形成的；(6)行星波的移动規律怎样，上下游系统的关系如何，緯圈环流的破坏与建立是通过怎样的机制作用；(7)大气中的重要物理量，例如角动量、动能、热量和水分是如何維持平衡的，它們与大气环流本身如何形成內在統一的整体。

上列問題並未將大气环流中的主要問題完全包括，例如低緯度的大气环流、南半球的环流、大气环流的年变化及年际变化等問題我們就沒有涉及。另一方面，就只是上述的几个問題中，也是对有些方面研究成果比較多，但有些問題还是很不够，因此我們在本書中也不能对於上述各問題都予以完全明确的回答，我們只是在过去已有的主要成果上作进一步的研究，將它們作一比較全面的探討，希望闡明这些問題的本質及其各个方面的联系，並且提出在解決这些問題的一些看法。

上述几个主要問題基本上是討論大气平均狀态如何形成和維持的問題，它們一方面可以說都是气象学科的根本問題，一方面又具有重要的实际意义，因为如果我們不能了解平均狀态的形成时，也就不能了解长期天气过程，因此也無法制作长期天气預报，同时对气候形成的原因也不能掌握。如果我們使用流体力学、热力学方程能够确切地算出这些平均狀态，也就表示我們有希望用这些方程制作天气变化的預报。

第二章 控制大气环流狀态的几个基本因子

从第一章我們已經看到大气环流以一定的、稳定的平均狀态在長时期維持着;为什么大气运动只取这样一种平均狀态,而不取其他狀态,这是和加於大气的外在作用以及大气本身的特殊尺度分不开的. 大气本身的特殊尺度、太陽輻射、地球的自轉、地球表面的不均匀性,以及地面摩擦成为控制大气环流狀态的几个基本因子. 下面將对这些因子分別予以討論.

§1. 大气本身的特殊尺度

影响天气变化的气層垂直范圍主要限於近地面 30 公里厚的一層空气,然而与大气环流有关的水平范圍的尺度可以用地球半徑度量,因此我們可以把大气看成盖着地面的極薄一層的气体. 这个現象具有原則性的意义,它决定了大气环流中的鉛直运动量級与水平运动量級的比例. 現假定一个与地轴对称的常定运动,則連續方程为

$$\frac{\partial(\rho w r^2 \cos\varphi)}{\partial r} + \frac{\partial(\rho v_\varphi r \cos\varphi)}{\partial \varphi} = 0, \tag{2·1}$$

其中 v_φ 和 w 各为經向和垂直速度,r 为距地心的距离,φ 为緯度,ρ 为空气密度. 設 $r=a$(地面)时,$w_0=0$,則

$$w = -\frac{1}{\rho r^2 \cos\varphi} \int_a^r \frac{\partial(\rho v_\varphi r \cos\varphi)}{\partial \varphi} dr.$$

若 ρ 無变化,$\frac{\partial v_\varphi}{\partial \varphi}$ 与 v_φ 同一量級,則 w 量級为

$$w = O\left(\frac{\delta v_\varphi}{a}\right), \tag{2·2}$$

其中 δ 为 $r-a$ 的量級,所以 $\frac{w}{v_\varphi}$ 的量級小於 $\frac{1}{100}$. 这說明在大气环流中鉛直运动是非常小的. 鉛直运动虽小,但它在动力方面却具有重要的意义. 鉛直速度与水平速度的比例量級和运动范圍的鉛直尺度与水平尺度的比例量級在簡化各种方程式时很重要, Кочин[54], Кибель[55] 和 Charney[56] 等就是利用它們簡化了运动方程和連續方程.

§2. 太陽輻射能

这是大气运动的根本原动力,沒有太陽輻射能大气就不能运动.到达大气上界的太陽輻射能大小,是在和太陽光綫方向垂直的平面上,每 1 厘米^2 面积上每分鐘約 1.19 卡的热量,这就是普通所說的太陽常数. 但当它通过大气后则有 42% 被地面及云等反射、散射重返太空,其余的 58% 才被大气及地面吸收(空气 15%,地面 43%). 根据 Brunt[52],大气中动能的总消耗率約相当太陽輻射能的 2%,因此上面 58% 的太陽能中仅有一小部分(約相当於到达地面和大气太陽能的 3.4%)經过各种能量轉換后,成为大气运动的有效能量.

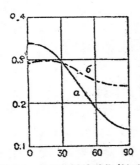

圖 2·1　太陽輻射的吸收(a)和長波輻射放射(b)差別沿緯圈的分佈[57](橫輔表示緯度，縱軸單位为卡·厘米$^{-2}$·分$^{-1}$)

这是就整个地球而論,事实上太陽輻射能是随着緯度而異的,对於入射的太陽輻射的吸收比例也依緯度而有不同.低緯度的大气比高緯度受到更多的热量,像圖 2·1 所指出的,由高緯到低緯通过太陽輻射的大气受热量是增加的。这些增加現象在赤道附近最小,在極地也最小,中緯度最大,这种随緯度不均匀的分佈是很重要的現象。

另一方面地球和大气並不仅仅吸收太陽輻射,本身也放射輻射能,根据 Simpson[53] 以及后来一些学者的計算結果,在热帶与副热帶大气所得到的輻射能大於所放射的輻射能,温帶和極地则恰相反,正如圖 2·1 所表示的。这种輻輻不平衡正是大气環流的原动力。根据各緯度上的进入輻射与放出輻射的值[57],我們給出輻射差額的梯度表(表 2·1)。

表　2·1

緯　　　度	5°	15°	25°	35°	45°	55°	65°	75°	85°
輻射差額梯度 (卡·米厘$^{-2}$·分$^{-1}$/10个緯度)	−0.016	−0.016	−0.023	−0.028	−0.030	−0.034	−0.021	−0.008	−0.004

从上表我們可以看到,輻射差額沿着緯度方向上的分佈也是不均匀的,这一点成为决定大气环流現有狀态的一个重要因子,也就是說只有輻射平衡所造成的温度分佈已經不是均匀的,而温度梯度在中緯度地区最大。

太陽輻射虽是大气运动的唯一能量来源,但它只决定了大气能够运动,但是不能决定大气运动的狀态。后者还决定於作用在大气上的其他几个因子,例如地球自轉、摩擦、地表面的不均匀等。我們决不能認为只研究太陽輻射便能解决大气环流的問題。

§3. 地球的自轉

地球自轉作用的大小是和运动尺度有关的,在比較小尺度运动中地球自轉作用並不重要,在較大尺度的运动中地球自轉作用就很重要,在更大尺度的大气环流問題中就必須考慮地球自轉作用在各緯度上的不同。

轉动流体的动力学与非轉动流体的动力学有显著的不同。Taylor[58]指出在轉动流体中二維空間的运动与三維空間的运动有原则的不同。在二維运动中,由轉动所附加的力可以完全被压力梯度力平衡,而在三維空間中永远有一部分柯氏力不能被平衡。Taylor 在同一文中还指出:当相对运动小於流体的基本旋轉运动时,则在旋轉的流体中相对运动趋於二維的运动,二維面垂直於流体的旋轉軸。

但地球的大气与 Taylor 的旋轉流体有两点不同:(1)在地球的大气里有非均匀的加热,加热的情况已在上节里予以討論。在非轉动的流体里非均匀的加热将产生垂直环流,加热的地方上升,冷却的地方下沉。在旋轉的流体里,这种环流佔优势还是二維的水平运动佔优势,要看旋轉速度与不均匀加热的强度而定。Fultz[59]和 Hide[60]曾先后对这个問题加以試驗，如不均匀加热的强度維持为常数，而当变动旋轉速度 Ω 大於某臨界值时（临界值的大小視不均匀加热强度而定），运动性質起突然的变化，由主要为垂直环流型式的运动变为准水平的运动。(2)大气所籠罩的地球是球狀，於是地球上的大气的旋轉速度各处不同，随緯度而增加，在两极最大，赤道为零。因此在大气里运动的基本狀态也得随緯度而異。在中高緯度，大气的大型运动基本上是准水平的，而在低緯度上下層的运动就有显著不同。在中高緯度，上下層极为相似的准水平的运动已为每个气象工作者所熟知，在低緯度上下層运动相異的現象也被 Riehl[61] 指出。

柯氏参变数随緯度的变化还有其他的动力作用，前面已經提到大气的特性尺度規定了大型运动基本上是水平的，Rossby[47] 利用了这个原则和一些假設推演出大气运动的水平特性尺度为 $L=2\pi\sqrt{U/\beta}$，其中 U 为西風特性速度，$\beta=df/dy$，$f=2\Omega\sin\varphi$ 为柯氏参变数。在地球上 β 的量級为 10^{-13} 厘米$^{-1}$·秒$^{-1}$。在大气中由輻射而产生了南北温度梯度，这种温度梯度規定了西風特性速度，如設地面 $U\approx0$，则在 10 公里的 U 为 10—30 米·秒$^{-1}$，由此求得 $L=7,000$ 公里左右。这个被外界所規定了的大气行星波的特殊尺度，对於大气环流中的許多現象有着特别重要的意义，在本書中时常会用到它。

地球自轉还有其他的动力意义，它是个稳定因子，它减小了大气运动中的不稳定度。同时也减少了大气中位能施放的可能性，本来在非轉动系統中可以放出的位能在轉动的地球上就变为不可能了（例如鋒面的維持）。

§4. 地球表面的不均匀性

地球表面的狀况对於大气环流發生显著的影响，南北半球环流狀态的不同就有力地說明了这一点。平均槽脊及其相联系的大气活动中心各季始終在固定的地理位置上出現，也表示地球表面狀况对大气环流的作用。

地球表面狀况不均匀性的作用主要表現在下列两个方面：

第一方面是由於海陆分佈所产生的对空气的不均匀的加热。上面已經講到輻射差額的不均匀分佈所造成的不均匀加热，但它主要是沿着經圈方向的。海陆分佈所造成的不均匀加热主要是沿着緯圈方向的。这种海陆分佈所引起的不均匀加热經常存在並有明显的年变化，因此它对平均經圈环流、西風帶沿緯圈上的扰动和低層大規模風系的年变化（季風）都势必發生重要的作用。

第二方面是由於陆地起伏的不均匀性所产生的作用。地形在大气中作为一个固定的不規则的边界，它强迫气流經过地形时要爬越而过同时也要繞过它。那一种佔优势要看山脈和高原的形势及大气的稳定度而定。在純粹爬越的情况下，在向風面發生輻散，在背風面發生輻合，通过这种輻散和輻合，渦度發生变化，於是引起环流的改变。在大气中純粹繞过障碍物的动力过程还不十分清楚。Prandtl[62] 曾在不旋轉的流体中对流体繞过圆柱体的情况做了实驗。Fultz 和 Long[63] 曾在旋轉半球中对流体繞过圆柱形的障碍物的情况作过实驗，结果指出障碍物对流体运动的影响是非常巨大的。地形作用同样是經常地在固定的地理位置上發生，它使得大气在固定地区經常受到扰动，所以地形对大气环流現有狀态的形成必定發生重要的作用。

§5. 地面摩擦

　　地球表面的摩擦經常地作用於大气的下界上，以大气环流为討論对象时，摩擦作用尤其应該加以注意。　具有 50 米·秒⁻¹ 的空气在中緯度繞地球一週需要一个星期左右，一般在 500 毫巴的空气 2—3 星期繞地球一週。在这么長的时間里，摩擦应該可以將空气所得到的扰动阻尼了絕大部分。　所以討論在一定地理位置上对大气加以扰动的情况时，摩擦項应該予以考虑。

　　一般大家認为摩擦作用仅限於近地面的摩擦層(1—1.5 公里高)。該層以上摩擦作用可以略而不計。　实际上不是如此。Charney 和 Eliassen[64] 曾指出地面摩擦影响傳到高空的过程。由於摩擦作用在摩擦層中空气自高压流向低压，Brunt[52] 曾对这种質量輸送予以估計。这种通过等压綫吹向低压的作用使空气加速，增加动能，补償了地面摩擦对动能消耗的一部分。近地面空气通过等压綫向低气压处流，在平均的狀态下，摩擦層以上就必然有空气通过等压綫流向高压，而消耗动能。通过这种过程地面摩擦作用傳遞到上空，实际上 Charney 和 Eliassen[64] 巧妙地將地面摩擦作用引进了渦度方程，根据他們的計算，地面摩擦不仅仅影响了相当正压大气層(約 500 毫巴)的扰动振幅，而且質的方面影响了槽脊的地理分佈。地面摩擦的引用在質的方面和量的方面都改进了他們的理論計算。Smagorinsky[126] 在热源对大气环流的作用的計算中，也指出地面摩擦在質的方面影响了高空槽脊的分佈。在無地面摩擦的作用情况下，槽脊的地理位置上下是一致的，地面摩擦的作用使槽或脊的轴随高度向西發生傾斜。

　　地表面摩擦在海洋上和陆地上很不相同，也就是說地表摩擦的分佈也是不均匀的，它对大气环流狀态的形成也必定有一定的作用。

第三章 准地轉运动

大型运动的一个物理特性,就是它是在一个基本上平衡着的場上發生的,这种平衡就是气压梯度力和柯氏力相平衡的地轉关系。这个大家所熟知的关系是气象学最重要的經驗規律之一,它具有莫大的实踐意义,因为它簡明地描写了大气运动的一个根本性質,並且作为运动方程的第一近似,它成为簡化运动方程的一个步骤。並且依賴这个关系,它"滤掉"了大型运动中不重要的声波和重力波,因此使得人們能够从如此簡化的天气预报方程中求得解答。

大型运动一方面基本上維持平衡的地轉运动,但另一方面又不能完全是地轉的,因为这样就没有天气变化和發展了。因此地轉平衡是重要的,地轉平衡的破坏也是重要的,这种地轉平衡的建立、破坏、再建立的过程,正是天气变化中極为重要的动力过程。

在这章里,我們第一将討論地轉風場生成的理論。第二将討論在發生了大的地轉偏差时,風場和气压場如何相互調整以趋近地轉平衡。第三将討論大气中地轉偏差的量級。

§1. 运动尺度理論

Кибель[55] 和 Charney[56] 曾将运动尺度代入运动方程,令

$$(x,y)=L(\bar{x},\bar{y}), \quad z=H\bar{z}, \quad (u,v)=U(\bar{u},\bar{v}), \quad w=W\bar{w}, \quad t=\tau\bar{t},$$

其中 L 和 H 各为运动的水平和垂直的特性尺度,U 和 W 各为运动的水平和垂直的特性速度,τ 为运动的时间尺度。

将上列轉换代入运动方程,以第二方程为例,则得

$$\varepsilon\frac{d\bar{v}}{d\bar{t}} = -\bar{u} - \frac{1}{fLU}\frac{1}{\rho}\frac{\partial p}{\partial\bar{y}}. \tag{3.1}$$

在上式中

$$\varepsilon = \frac{U}{fL}, \tag{3.2}$$

$$\frac{d\bar{v}}{d\bar{t}} = \frac{\partial\bar{v}}{\partial\bar{t}} + \bar{u}\frac{\partial\bar{v}}{\partial\bar{x}} + \bar{v}\frac{\partial\bar{v}}{\partial\bar{y}} + \bar{w}\varepsilon'\frac{\partial\bar{v}}{\partial\bar{z}},$$

$$\varepsilon' = \frac{W}{U}\frac{L}{H}.$$

按 Кочин[64] 和 Charney[56] $\varepsilon' \ll 1$,因此

$$\left|\frac{d\bar{v}}{d\bar{t}}\right| \approx 1.$$

现在我們可以下这样一个定义:当 $\varepsilon < 1$ 时,运动为准地轉的;当 $\varepsilon \approx 1$ 或 >1 时,运动为非地轉的。

令 $U=10$ 米/秒，$L=10^6$ 米，代入 (3·2)，則可求出在中緯度 ($f=10^{-4}$ 秒$^{-1}$) $\varepsilon\approx10^{-1}$. 因此对於这种尺度的运动是准地轉風的．但是为什么大尺度的运动是地轉的呢，叶篤正[65]最近对这个問題曾予以討論．

按 (3·2) 式，人們可以認为 L 愈大，則 ε 愈小於 1，运动愈近於地轉．然而对大型运动来說，L 和 U 是有关系的，近似地我們可以用 Rossby[47] 的長波駐波公式

$$L=2\pi\sqrt{U/\beta}$$

作为 L 和 U 的关系，代入 (3·2) 得

$$\varepsilon=\frac{\beta L}{4\pi^2 f}$$

由此看来，在 Rossby 公式可以近似应用的情况下，L 愈大，ε 也愈大；在中緯度 ($\beta=1.62\times10^{-13}\cdot$ 厘米$^{-1}$ 秒$^{-1}$, $f=10^{-4}$ 秒$^{-1}$)，当 $\varepsilon=1$ 时 $L=2.4\times10^{10}$ 厘米，这个尺度大於地球的大圓，因此在 Rossby 長波公式近似成立的情况下，大气运动必定是准地轉的．

ε 也可以写成 $\varepsilon=(2\pi f)^{-1}\sqrt{\beta U}$. 在中緯度，如使 $\varepsilon=1$，則 U 的量級为 $2-4\times10^4$ 米·秒$^{-1}$；这个运动的离心力大於地球的重力加速度．在大气里不可能有这样大的速度，因此大型运动必定是准地轉的．

§2. 准地轉运动生成的物理原因

由上面討論看單純地用运动尺度来解釋准地轉运动的生成还是不够深入的．下面将进一步討論它的物理原因．在第二章的 §3 里，我們知道地球自轉速度 Ω 和不均匀加热强度的比值决定了运动基本狀态是水平的或三維的．由此我們可以推論地球自轉速度和非均匀加热强度的比值必也是决定地轉运动的条件．

将 (3·1) 式乘以 U，得

$$U\varepsilon\left(\frac{d\bar{v}}{d\bar{t}}\right)=-(U\bar{u}-U_g); \tag{3·3}$$

其中 U_g 为地轉風．因为 $\left|\frac{d\bar{v}}{d\bar{t}}\right|\approx1$, $\bar{u}=1$, 所以上式可以写成

$$U-U_g=\pm\varepsilon U. \tag{3·4}$$

上式右边的 ($\pm$) 号表示 $d\bar{v}/d\bar{t}$ 可正可负，如取正号，則 ε 不能近於 1. 因为此时按 (3·3) $U_g\ll U$，也就是在这种运动中气压場是可以略去的．这在大型运动中是不可能的．ε 可以小於 1，但这样运动就成准地轉的了．ε 可以比 1 大，这样就得到 $(\varepsilon-1)U=-U_g$，代入 (3·2) 式，則得

$$\varepsilon(\varepsilon-1)=-U_g/fL. \tag{3·5}$$

如果我們在 (3·4) 式中取负号，則得

$$\varepsilon(1+\varepsilon)=U_g/fL. \tag{3·6}$$

設在地面，$U_g\approx0$，将某高度 H (如对流層頂) 上的西風代入以上二式．然后由热成風公式、(3·4) 和 (3·5) 得

$$\varepsilon(\varepsilon-1)=+\frac{gH}{Lf^2}\frac{1}{\bar{T}}\frac{\partial\bar{T}}{\partial y}\qquad(\varepsilon>1), \tag{3·7}$$

或

$$\varepsilon(\varepsilon+1)=-\frac{gH}{Lf^2}\,\frac{1}{\overline{T}}\,\frac{\partial \overline{T}}{\partial y},\tag{3.8}$$

上式中 $\overline{T}$ 为 H 以下的平均温度.

由於(3.7)的左边大於零,所以它要求 $\partial \overline{T}/\partial y$ 也必须大於零,但在大气中平均温度向北增大是不可能的,因此(3.7)式不能成立.

因为 ε 是正的,所以(3.8)式可以成立,下面就根据(3.8)式来討論地轉形成的条件.

当 $\varepsilon<1$ 时,运动称为准地轉的. 現在我们可以看着(3.8)式右端造成 $\varepsilon<1$ 的因素. 首先由於大气可以看作是复盖着地面的一层很薄的气体,即 $H/L\ll1$,所以大气本身所固有的尺度的特性是造成 $\varepsilon<1$ 的一个主要条件,也就是造成地轉风的一个主要条件. 这个条件具有什么物理意义. 为什么大气本身的这种尺度特性和地轉平衡有关. Кочин[54] 早就指出过 $\dfrac{H}{L}=\dfrac{w}{u}$,所以在大型运动中 $w\ll u$. 这就是說大气本身的尺度特性规定了大型大气运动基本上是水平运动,而水平运动是地轉运动的一个必有的特色.

其次由(3.8)式,我们还可看出运动的非地轉程度与 $\dfrac{1}{f^2}\,\dfrac{\partial \overline{T}}{\partial y}$ 成正比,所以在旋轉速率低而温度梯度大的流体里,非地轉运动更容易产生. 这是和 Hide[60] 的試驗结果相符合的,郭曉嵐[66] 曾經推舉出一个在旋轉运动的流体圓柱内产生对流运动的条件. 那个条件和(3.8)式一样,差别只是比例常数.

現在讓我们寻找在大气中发生非地轉运动的最低温度梯度,为此我们令 $\varepsilon\approx1$,於是(3.8)式变成

$$\varepsilon=\frac{gH}{2f^2L^2}\,\frac{\Delta \overline{T}}{\overline{T}}.\tag{3.8'}$$

这里我们把 $(-\partial \overline{T}/\partial y)$ 写成了 $\Delta \overline{T}/L$. 取 $g=10^3$ 厘米·秒$^{-2}$, $H=10^6$ 厘米, $f=10^{-4}$ 秒$^{-1}$,对於全半球($L=10^9$ 厘米)范圍的非地轉运动所需的最小温度差为

$$\Delta \overline{T}=10\overline{T};$$

这是絕对不可能的. 对於 $L=5\times10^8$ 厘米范圍的非地轉运动,

$$\Delta \overline{T}=2.5\overline{T};$$

这也是絕对不可能的. 对於 $L=2\times10^8$ 厘米的范圍,

$$\Delta \overline{T}=0.4\overline{T},$$

这也相当於每緯度5.5°C的温度梯度. 在20个緯度带内具有这样大的平均温度梯度是从未观测过的.

表3.1　非地轉运动出现所需要的最小的温度羑異(ΔT_c)与輻射平衡所形成的温度差
異(ΔT_r)（$\overline{T}=256°A$）[65]

緯 度	0—10	10—20	20—30	30—40	40—50	50—60	60—70	70—80	80—90
ΔT_{c1}（°C, $L=10^8$ 厘米）	1	9	23	42	64	86	104	118	126
ΔT_{c2}（°C, $L=5\times10^7$ 厘米）	0.3	2	6	11	16	22	26	29	31
ΔT_r（°C）	1	3	6	8	11	14	13	8	3

現在讓我們計算一下在各緯度 $L=1,000$ 公里和 500 公里尺度的非地轉運動所需要的溫度差,結果見表 3·1 的第一和第二行。

由表 3·1 中我們看出所需要的溫度差(以 10 个緯度計)迅速地随緯度而增長,为了估計这样范圍的非地轉运动發生的可能性,我們將由輻射平衡而产生的溫度差(根据文献 [145] 算出)列於同一表中(第三行),由表中我們看出仅在非常低的緯度 $\Delta T_r > \Delta T_{c1}$,因而仅在輻射和地球自轉的作用下,$L=1,000$ 公里范圍的非地轉运动仅在很低的緯度才有發生的可能性。对於 $L=500$ 公里范圍的非地轉运动在緯度 30° 以南才有可能性。

由上面的討論我們可以得出下列結論:在大气中产生准地轉运动的基本原因有两个:一个是大气本身所固有的尺度特性,卽是大气可以看成很薄的一層气体;另一个是在大气中由輻射产生的溫度梯度和地球自轉参变数平方的比值較小。

§3. 气压場和風場的适应

旣然我們所观測到的風場,經常是准地轉的,而由天气的变化看地轉偏差又必需經常存在,所以風場和气压場一定要随时相互調整,以使地轉偏差不能發展。按照古典的說法,由於不均匀加热所造成的質量分佈是一切运动的动力原因,但在轉动地球上的大气里有許多象征指出:質量分佈可能是运动的結果。 1936 年 Rossby [67] 就提出了这样的新的看法:在海洋和大气中所观測到的气压梯度在很大的程度上是加於海洋和大气的柯氏力的反应。Rossby 認为可以將大气或海洋中的力管場分成两部分:"动力力管場"(Dynamic solenoids) 和 "热力力管場"(Thermal solenoids),如果前者是主要的,則在大气同一气流中溫度和比湿的垂直相关和海洋同一洋流中溫度和鹽分的垂直相关应該与地区無关。Rossby 又指出在墨西哥灣流 (Gulf stream) 中确是如此。随后 Rossby [68] 又分析一个压力場适应一个簡單流場的理論例子.在一个均一的海洋中流体本来是相对靜止的,突然在以宽度为 $2a$ 的一帶的流体中發生了均一的运动(方向为 x),於是产生了压力場与流場的不平衡。 此后在 y 的方向上發生运动,質量在开始流向的右边(背風而立)堆集,造成压力梯度以平衡柯氏力,但因惯性振动的关系,被扰动的洋流在其平衡位置上發生惯性摆动(在 y 方向上),週期为半个"摆日"(Pendulum day)。压力場与流場平衡过程所需的时间不过几个小时,如果將流体突然發生运动的条件改为逐渐的,則压力場与流場适应所需要的时间应該更短。 对於上下分为两層均一流体的情况 Rossby 也作了分析。 在 Rossby 的分析中我們可以看出平衡后的流場与起始时的流場相差不远,而压力場在同一时間内發生了巨大的質和量的变化,起始时的速度 (u_0) 与平衡后的平均速度 (u_f) 之比以下列公式表示:

$$u_f = u_0 \frac{\lambda/a}{1+\lambda/a+a/(3\lambda)},\tag{3·9}$$

其中 $\lambda = \frac{1}{f}\sqrt{gD}$,$D$ 为流体深度,a 为帶狀扰动区域的半寬。

在这个工作中,Rossby 只分析了压力場和流場平衡后的情况,后来 Cahn [69] 又討論了这一例子的瞬时变化。

在 Rossby 和 Cahn 的討論中流体是均一的(Rossby 还討論了两層的例子),不是層結的。 1953 年 Bolin [70] 討論了層結的流体和非常定的情况。

在上面的討論中扰动区域是帶狀的無限长的．Обухов[71]和 Raethjen[72]曾分別討論了另外一种情况，就是扰动区域是圓形的．Обухов 假定在开始的时候，在以 R 为半徑的圓內風場与气压場不平衡，气压是均一的，風場以下面的流函数表示

$$\psi_0(x,y)=A\Big[\,2+\Big(\frac{R}{\lambda}\Big)^2-\Big(\frac{r}{R}\Big)^2\Big]e^{-\frac{r^2}{2R^2}}, \qquad (3\cdot10)$$

$$r^2=x^2+y^2.$$

在圓以外两个場是平衡的．其中 λ 和以前的定义一样；R 为扰动区域（圓）的半徑，$2A/R$ 为速度尺度．适应后的流函数为

$$\bar{\psi}(x,y)=A\Big[\,2-\Big(\frac{r}{R}\Big)^2\Big]e^{-\frac{r^2}{2R^2}} \qquad (3\cdot11)$$

适应后的气压場为

$$\bar{\pi}(x,y)=2\Omega\sin\varphi\rho\bar{\psi}(x,y), \qquad (3\cdot12)$$

其中 $\bar{\pi}=p(x,y)-P_0,P_0$ 为海面标准气压．

由 (3·10)，(3·11) 和 (3·12) Обухов 給出了适应前后的速度分佈和适应后的气压場，如圖 3·1．在 Обухов 的計算中，$R=500$ 公里，$2A/R=10$ 米/秒和 $L_1=2,200$ 公里，由圖中我們看出在适应过程中速度場基本沒有变化，而气压的分佈則起了根本的变化，在中心气压变化是 20 毫巴．Обухов 也計算了适应过程所需要的时间，在系統的中心扰动后 3—4 小时就变成地轉气压值了．

Raethjen[72]討論了和 Обухов 相同的問題，但用了完全不同的方法．他將速度場写成了下面的形式：

$$v=\alpha r;\quad \alpha=\bar{\alpha}e^{-\frac{r^2}{R^2}},$$

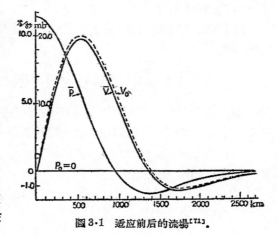

图 3·1 适应前后的流場[71].

其中 α 为涡旋的角速度，R 为某半徑，在此半徑上的 α 为在圓心的 $\frac{1}{e}$，R 为常数，$\bar{\alpha}$ 仅为时间函数．与此相对应的气压場为：

$$p=\bar{p}\Big\{1-\frac{(f+\alpha)R^2}{2\bar{R}T}\beta\Big\};\qquad \beta=\bar{\beta}e^{-\frac{r^2}{R^2}},$$

其中 $\bar{R}$ 为气体常数，$\bar{\beta}$ 仅为时间的函数．可以証明当 $\alpha=\beta$ 时，速度場和气压場則相互平衡．令 α 变化 $\Delta\alpha$，与此相对应的 β 变化为 $\Delta\beta$，Raethjen 求出

$$\frac{\Delta\alpha}{\Delta\beta}=\frac{\Delta\bar{\alpha}}{\Delta\bar{\beta}}=-\frac{(f+2\alpha)(f+\alpha)R^2}{4\bar{R}T}=\theta, \qquad (3\cdot13)$$

在通常情况下，$\bar{\alpha}\cong f/3$，則

$$\frac{\Delta\bar{\alpha}}{\Delta\bar{\beta}}\cong-\frac{f^2R^2}{2\bar{R}T}\cong-0.07\,R^2. \qquad (3\cdot14)$$

在上式中 f 設为 10^{-4} 秒$^{-1}$，R 以 1,000 公里为單位．

今設开始时, $\bar{\alpha}=\bar{\alpha}_1$, 但气压場是均一的(卽 $\bar{\beta}_1=0$), 适应后 $\bar{\alpha}=\bar{\alpha}_2$, $\bar{\beta}_2=\bar{\alpha}_2$, 取 $\bar{r}=$ 500 公里,则由 (3·11) 得

$$\frac{\bar{\alpha}_2-\bar{\alpha}_1}{\bar{\alpha}_2}=-0.02 \qquad 或 \qquad \bar{\alpha}_2=0.98\,\bar{\alpha}_1.$$

如 $\bar{r}$ 为 1,000 公里,则 $\bar{\alpha}_2=0.93\,\bar{\alpha}_1$. 在此例中速度基本上没有改变, 而气压場起了根本变化,这与 Ообхов 的結論完全相同。

現在再設开始时只有气 压場, 無速度場, 卽 $\bar{\beta}=\bar{\beta}_1$, $\bar{\alpha}_1=0$, 适应后, $\bar{\beta}=\bar{\beta}_2$, $\bar{\alpha}=\bar{\beta}_2$. 仍令 $\bar{r}=500$ 公里,则

$$\frac{\bar{\beta}_2'}{\bar{\beta}_2-\bar{\beta}_1}=-0.02 \qquad 或 \qquad \bar{\beta}_2'=\frac{\bar{\beta}_1}{49}.$$

如 $\bar{r}=1,000$ 公里, $\bar{\beta}_2=0.07\bar{\beta}_1$. 这个計算告訴我們没有速度場来平衡的气压場是不能維持的。

上面所有的計算都說明了下面两点事实: (1)在自轉地球上風場和气压場随时都在互相調整适应,所以我們观測到的風場是准地轉風的。 (2)气压場是随風場而調整的。 沒有風場支持的气压場是不能維持的,是要消灭的。 而没有气压場支持的風場,不但可以維持,而且强使气压場調整以适应風場。

以上的討論基本上是兩度空間的,以后 Кибель [73] 曾將这个适应問題扩充到三度空間的問題。

§4. 运动的空間尺度和緯度对於适应的作用

我們必須注意一个事实,上面的結論是針对着空間尺度为 1,000 公里以下的系統,对於很大范圍的流場与气压場的相互調整则不服从上面的結論。 这可以从 Raethjen 公式 (3·12)很快的得出,仍如前設,开始时 $\bar{\alpha}=\bar{\alpha}_1$, 气压場是均一的 ($\beta_1=0$), 适应后 $\bar{\beta}=\bar{\alpha}=$ $\bar{\alpha}_2$, 如 $R=3,000$ 公里,则

$$\bar{\alpha}_2\cong 0.60\alpha_1.$$

如 $\bar{r}=5,000$ 公里,则

$$\bar{\alpha}_2=0.36\,\bar{\alpha}_1.$$

这比在 $R=500$ 公里的情况下的流場变化大得多了。 如开始时只有气压場 $\bar{\beta}=\bar{\beta}_1$, 無風場 $\bar{\alpha}=0$, 则当 $R=3,000$ 公里时,适应后的 $\bar{\beta}$ 为

$$\bar{\beta}_2=0.38\,\bar{\beta}_1,$$

当 $R=5,000$ 公里时,则

$$\bar{\beta}_2=0.63\,\bar{\beta}_1.$$

这比在 $R=500$ 公里时的气压場变化小得多了。

上面的結論同样可以由 Ообхов 的理論得出,根据 Ообхов 的公式 (3·10 和 3·11), 設 $\lambda=2,700$ 公里 (緯度 45°, $D=8$ 公里), 则可以分別算出当 $R=500$ 公里, 3,000 公里和 5,000 公里时适应前(v_0)与适应后(v_f)的速度之比,如下表 3·2 所列。

由表中可以看出, 当 $R=500$ 公里时, 适应前和适应后的速度是没有变化的; 当 $R=$ 3,000 公里时,适应后的速度約为适应前的速度的 51—75%; 当 $R=5,000$ 公里时, 则适应

表 3·2

r	1,000	2,000	3,000	4,000	5,000 公里
v_f/v_0($R=500$ 公里)	0.99	0.99	0.99	0.98	0.98
v_f/v_0($R=3,000$ 公里)	0.75	0.74	0.71	0.64	0.51
v_f/v_0($R=5,000$ 公里)	0.52	0.51	0.47	0.39	0.27

后的速度只为适应前的速度的 27—52% 了；这和用 Raethjen 的公式計算結果是符合的.

　　上面討論的扰动区域虽然是圆形，但如 Raethjen 指出 (3·12) 也适用於带狀扰动区域，只是將 R 看成区域的半寬就可以了.

　　对於在带狀扰动区域中，空間尺度与适应的关系的估計，我們也可以用 Rossby 的公式 (3·9) 得出，見表 3·3

表 3·3

a	500	3,000	5,000公里
u_f/u_0	0.85	0.41	0.25

　　在上表計算中取 $f=10^{-4}$ 秒$^{-1}$, $D=8$ 公里.

　　上面三种計算都指出水平空間尺度愈大，則适应前后速度場的变异愈大，由三种理論所得的結果，在数字上虽稍有差異，但考虑到这种理論的假設的不同，这种相差是完全可以理解的.

　　不仅水平空間的尺度在适应的过程中起着大的作用，垂直空間尺度也同样起着大作用，这点 Raethjen 已經指出，他將大气分成 ν 和 $(1-\nu)$ 兩層 ($\nu<1$)，起始时仅 ν 層受扰动，則

$$\frac{\Delta \bar{\alpha}}{\Delta \bar{\beta}} = \frac{1-\nu-\theta}{\nu} \qquad (3·15)$$

如令 $\nu=0.8$（即 80% 的大气層受扰动），$\bar{r}=500$ 公里；仍和先前一样，起始时 $\bar{\alpha}=\bar{\alpha}_1$, $\bar{\beta}_1=0$；則适应后的 $\bar{\alpha}_2=0.8\,\bar{\alpha}_1$. 但如 $\nu=0.1$，則适应后的 $\bar{\alpha}_2$ 仅为 $0.1\bar{\alpha}_1$. Rossby 在計算兩層海洋中的适应問题时已指出空間尺度的这种作用. 这个計算指出，由於某种动力作用在一个深厚的大气層中所引起的速度場可以維持，气压場發生变化以适应速度場，反之在薄層大气中所产生的速度場不能維持，它將起变化以适应气压場. 这是容易理解的，因为在任何一層中發生的速度場变化，都会由於交换作用引起临近層的变化，这样原有的速度自然要消弱了.

　　其实不仅在兩層模式中可以看出空間尺度的作用，在一層的問题中，D（流体深度）的大小也起着同样的作用，在 Rossby 的問题中，λ 与 $\sqrt{D}$ 成正比，而由 (3·9) 式中很容易看出 u_f/u_0 是随着 λ 的加大而增長的. 在 Обухов 的問题里也同样如此，$\bar{v}_f/\bar{v}_0$ 也是随 λ 的加大而增長的.

　　适应过程不但与空間尺度有关系，与緯度也有关系. 这是因为 f 是緯度的函数. 很

容易由(3·9),(3·10),(3·11)与(3·12)式看出：緯度愈高，卽f愈大，适应前后的速度場差異愈大，緯度愈低，前后速度場的差異愈小．在赤道$f=0$，如果沒有外力的話速度場不会再变．因为在这里加在流場的柯氏力已經沒有了，流場自然不会变化了，而相反的沒有流場相伴的气压場在低緯度很难维持．很明显，在赤道上($f=0$)，沒有外力維持的气压場很快就要填塞的．

　　总結前面的討論，我們可以有以下的推論：比較小（但不能小到地球自轉可以忽略的尺度）而深厚的系統（如暖高、冷低）主要是由动力作用生成的；由於冷暖而产生的質量分佈对於这种系統的生成作用不大，相反的在这种系統中气压場是柯氏力的反应．直接热力作用只能建立淺薄的系統（如暖低、冷高）．对於大尺度的运动（如佔据南北40—50緯度的运动）则直接的热力作用和动力作用同样重要，对於以半球为尺度的运动（如高空的西風帶）则基本上决定於不均匀的加热．

　　动力作用对於較小系統的重要性在低緯度更为显著．一般在低緯度都採用流綫分析，而以等高綫或等压綫分析为輔助，就可以說明这个道理．热帶气象工作者們認为热帶波动在風場中比在气压場中表現得清楚得多．許多气象学者都採用流綫分析研究热帶气旋也是这个道理．因为这些系統旣然是动力作用生成的，自然在風場中表現更清楚些．热帶气旋登陆后，填塞很快的原因一般認为凝結热供应得少了，或者是認为下層輻合大了．根据前面所討論的原則，热帶气旋登陆填塞的最基本原因是：登陆后摩擦加大，破坏了風場，風場消弱了，原有的气压場不能维持而發生填塞．

　　以上我們得到了运动尺度和緯度对於适应的作用，这里我們再予以物理的解释．当只有風場（設为西風）沒有气压場时，柯氏力产生北風，使質量在气流的右边堆集，堆集結果造成南北气压梯度以平衡柯氏力．当只有气压場（設南边气压高，北边气压低）沒有風場时，由气压梯度力产生南風，再由柯氏力产生西風．由西風的柯氏力以平衡气压梯度力．由这种适应过程看，只有气压場时，由此产生的南風一方面产生了西風，同时由西風得到了平衡气压場的柯氏力．但另方面它也向北輸送質量，削弱了气压場．因此对於小范圍只有气压場的不平衡运动，在柯氏力还沒有能發展到可以平衡气压梯度力时，气压場的大部已被填塞了．对於很大范圍只有气压場的不平衡运动，柯氏力有足够的时间可以發展到平衡气压梯度力，而絕大部分的气压不被填塞．因范圍愈大，范圍两端的气压差也愈大，需要填塞它的質量也愈多，需要填塞它的时间也愈長．只有西風風場时，由此产生的北風一方面运送質量以建立平衡西風風場的气压場，另方面也产生柯氏力以削弱西風．設有两种極端情况，一种空间范圍很小，另一种空间范圍很大，而二者西風風速相同，对於前者（小范圍），平衡西風風場的气压場很快的就可以建立（因为所需要向南輸送的質量少），对於后者（大范圍）平衡西風風場的气压場需要很長时间才能建立．所以对於小范圍情况西風風場未被大量减弱时，气压場已經建立好了，对於大范圍情况，西風風場则已大量被减弱了，气压場才能建立．这是对於空间尺度作用的一个物理解释．

　　对於緯度效应，我們可以提出如下的解释：設有同样空间范圍未被气压場平衡的西風風場，一个在高緯，一个在低緯．由於柯氏力随緯度的变化，在同一时间內所产生的北風(v)在高緯大於低緯．在高緯v大，f也大，所以在高緯西風被柯氏力消弱的速度大於低緯度．因此未被平衡的速度場在低緯度比較在高緯度容易维持．对於未被平衡的气压場而言,在高緯和在低緯,在气压場中所产生順气压梯度的風(設为 v)都是一样. 由於 f 随緯度的增加,在高緯度 fv 大,西風产生速度也大,所以气压場未大量被填塞前,足以平衡气压場的風場已建立了,在低緯度則不然;fv 小,西風風場建立得慢. 西風風場未被建立前,气压場已大量被填塞了.

§5. 地轉偏差的量級

前面我們討論了速度場与气压場的适应,並指出在大气或海洋中,这两个場是随时相互調整和相互适应的. 按 Taylor[74] 的理論在二維空間的运动中柯氏力將完全被气压梯度力平衡,然而他又指出在轉动的流体中二維空間与三維空間的运动有質的不同.Rossby指出在大气或海洋中速度場与压力場的相互适应是通过垂直运动(使質量堆集)来实现的. 因此 Taylor 的关於二維空間的理論不能在大气中严格适用. Spilhaus[75] 在轉动流体中的試驗显示出柯氏力与压力梯度力永不完全平衡,这个理論和試驗指出:在大气中运动虽然是准地轉的,但地轉偏差是永远存在的. 这个地轉偏差也是天气發展和补偿动能的消耗所需要的.

Brunt[52] 曾估計在大气中动能的总消耗率为 5×10^3 尔格·厘米$^{-2}$·秒$^{-1}$,因此在大气中由於地轉偏差而有的平均动能产生率也应該是这么大.地轉偏差可能正(自高压指向低压)也可能負(自低压指向高压),但总的来说,正的地轉偏差大於負的地轉偏差,以产生动能.由於風場經常是准地轉的,非地轉風一般是很小的,因此在现有的記录情况下,非地轉風的大小不容易准确的測量,在这方面的研究还不多. Houghton 和 Austin[76] 曾就北美 619 个例子中得出,东西方向和南北方向的地轉偏差均为 7 英里·小时$^{-1}$. 实际風与地轉風的向量差为 10.8 英里·小时$^{-1}$. Bannon[77] 在利物浦得出的非地轉風为 9.1 海里·小时$^{-1}$,与Houghton 和 Austin 的結果可以說是符合的. Bannon 还給出 3,000 英尺, 700 毫巴和 500 毫巴上風与等压綫的交角,如不計方向,則三个高度上的变角大小一样,均为 10°. 如將方向計算在內(指向低压为正,指向高压为負),則在 3,000 英尺平均交角为 7°,在 700 毫巴为 1.5°,在 500 毫巴为 0.1°. 平均交角为正,就是正的非地轉風頻率或强度大於負的非地轉風. Bodurtha[78] 曾量出 1944 年 9 月 15—17 日北美洲的平均非地轉風,他得出在 x 和 y 方向上正的非地轉風平均为 7.8 英里·小时$^{-1}$,負的为 6.0 英里·小时$^{-1}$,也是正的大於負的. 因为正的大,所以非地轉風可以作功产生动能,以补偿摩擦的消耗.

第四章 东西風帶、經圈环流与西風急流的生成

平均帶狀环流的存在是人們很早就已經發現的事实，最初人們發現地面上的东西風帶和高空的西風帶，四十年代以来更發現了在高空西風帶上有一支强烈的急流[79]，並且在平均子午面上和东西風帶存在的同时，还有平均經圈环流存在。帶狀环流本身的形成是平均环流的一个最根本的問題，在短期天气过程中，大型和中型的天气系統可以看作帶狀环流上叠加的扰动，它控制着后者的运行。在中期天气过程中，緯圈环流的建立和崩潰是最基本的过程，在長期天气变化中，帶狀环流本身强度和位置的变化是季节变化的中心环节，因此討論帶狀环流本身的形成問題是非常重要的。

早在 1735 年 Hadley[23] 为了說明信風帶的存在时，就引用了不均匀加热和地球自轉的作用，他指出为了补償在赤道受热上升的空气，必須有空气从北面流来，形成一个对流。在地球自轉的作用下，地面上就有东北信風生成，这种 Hadley 的說法成为多少年来研究大气环流的基础。

郭曉嵐[80,81] 曾对於由高低緯度間不均匀加热所引起的軸对称运动进行若干研究。其中一篇曾对上述簡单情况予以数学的分析，他假定在静止大气中，赤道区 ($\varphi < 35°16'$) 加热，高緯度冷却，結果得到在整个半球上出現一个非常弱的直接的經圈环流，在地面最大的南向速度为 2.8 厘米·秒$^{-1}$。

Phillips[82] 的著名的关于大气环流的数值研究中，也曾得到同样的結果。他根据簡单的兩層斜压模式，在相对静止的大气中，低緯度加热，高緯度冷却，当不考慮涡旋存在时，由加热时起到 130 天为止，高空皆为西風，最大風速为 36 米·秒$^{-1}$，出現於 200 毫巴，近地面完全为微弱的东風，在子午面上为一个大而弱的經圈环流，最大速度为 3 厘米·秒$^{-1}$。

然而这样簡单的情况並不能維持常定，因为这样弱的經圈环流並不能将足够的热量由低緯輸送到高緯来維持热量平衡，在角动量輸送上也存在着不能維持平衡的情况，这是因为这样的經圈环流在低緯度的空气帶着較大的角动量上升，在高緯度的空气帶着較小的角动量下降（因为空气質点距地軸的距离为 $a \cos \varphi$）。这样某高度以上的空气經常得到角动量，以下的空气經常失去角动量，所以高空的西風和低空的东風的强度随时間增强。Willet 等[83] 也曾提过同样的看法。所以不能單純地从太陽有效輻射作用和地球自轉来解释常定东西風帶的形成。

在 19 世紀末叶有許多气象学者企圖使用流体力学方程解释东西風帶的形成，例如，Ferrel[84]，Siemens[85] 和 Oberbeck[86] 等。Siemens 假定大气起始狀态的运动是以地球自轉角速 Ω 在空中旋轉（相对地球静止），經过完全的混合后，在絕对空間中，空气有一均一的东西方向直綫速度，再假定混合前后的总动能不变，则可以得出混合后相对於地球的速度为

$$u = a\Omega(\sqrt{2/3} - \cos \varphi). \tag{4.1}$$

因此在 $|\varphi| < \varphi_0 = 35°16'$ 的地帶为东風，其余为西風，Ferrel 和 Siemens 的作法相似，但假定混合前后大气的总角动量守衡，得出

$$u = a\Omega \left(\frac{2}{3\cos\varphi} - \cos\varphi \right) \tag{4.2}$$

因此东風帶也是在 $|\varphi| < \varphi_0 = 35°16'$ 的地帶．显然自(4.1)或(4.2)式所得出的風速非常之大，Helmholtz[87] 引进摩擦以减小風速．

这些前輩气象学者們显然將問題看得过於簡單，但有一点值得我們注意的，就是在他們的工作中引用了大規模混合作用的想法，这是一个很可宝貴的想法．Rossby[88] 解釋西風急流的生成时，用了同样的观念，由现在的理論看混合作用确是东西風帶生成的一个重要原因，虽然现在所用混合交換作用和 Ferrel 和 Siemens 等人所用的不同．

§1. 从温度場討論东西風帶的形成

在 1930 到 1950 年这段时期也有許多关於东西風帶的研究，如 Kropatscheck[89]，Phillips[90]，Arakawa[91]，Prandtl[92] 和 Берляд[93]等人的工作．在这些工作中有的虽然也引用了渦动交換項，但是限於垂直方向，而不是水平方向的．这些工作的关於东西風帶生成理論結果虽有差異，但在原則上没有什么大的不同，都是以温度分佈为已知的，利用簡化的运动方程加以討算，这里以 Берляд 的工作为代表加以介紹．

在介紹 Берляд 工作前，我們应当提出 Кочин[54] 对於大气环流的研究．根据大气环流的运动尺度，他將球面坐标的大气运动方程和連續方程簡化为：

$$\left. \begin{aligned} \rho\frac{\partial u}{\partial t} &= f\rho v - \frac{1}{a\cos\varphi}\frac{\partial p}{\partial\lambda} + \frac{\partial}{\partial z}\left(\mu\frac{\partial u}{\partial z}\right), \\ \rho\frac{\partial v}{\partial t} &= -f\rho u - \frac{1}{a}\frac{\partial p}{\partial\varphi} + \frac{\partial}{\partial z}\left(\mu\frac{\partial v}{\partial z}\right), \end{aligned} \right\} \tag{4.3}$$

$$\frac{\partial(\rho r^2\cos\varphi)}{\partial t} + \frac{\partial(\rho ur)}{\partial\lambda} + \frac{\partial(\rho vr\cos\varphi)}{\partial\varphi} + \frac{\partial(\rho wr^2\cos\varphi)}{\partial z} = 0, \tag{4.4}$$

其中 r 为距地心的距离，μ 为运动学的湍流粘性系数，$r = a + z$，而 a 为地球半徑．

对於常定和軸对称的运动，(4.3)和(4.4)变为：

$$\left. \begin{aligned} f\rho v - \frac{\partial}{\partial z}\left(\mu\frac{\partial u}{\partial z}\right) &= 0, \\ -f\rho u - \frac{1}{a}\frac{\partial p}{\partial\rho} + \frac{\partial}{\partial z}\left(\mu\frac{\partial v}{\partial z}\right) &= 0, \\ \frac{\partial p}{\partial z} &= -g\rho, \end{aligned} \right\} \tag{4.5}$$

$$\frac{\partial(\rho vr\cos\varphi)}{\partial\varphi} + \frac{\partial(\rho wr^2\cos\varphi)}{\partial z} = 0. \tag{4.6}$$

Берляд 就是利用(4.5)和(4.6)式和已知的温度分佈求出气压分佈．設 $\mu = cz$（其中 c 为常数），並取下列边界条件：

当 $z=0$ 时，$u, v = 0$；　当 $z\to\infty$ 时，u, v 有限．

然后，Берляд 得出

$$\frac{\partial p}{\partial\theta} = \frac{\partial p_0}{\partial\theta}f_1(z,\theta) + \frac{P_0 g}{R}f_2(z,\theta),$$

而

$$\frac{\partial p_0}{\partial \theta} = \frac{\dfrac{P_0 g}{R} \displaystyle\int_{y_0}^{\infty} y \cdot \mathrm{kei}\, y \cdot f_2(y,\theta)\,dy}{\displaystyle\int_{y_0}^{\infty} y \cdot \mathrm{kei}\, y \cdot f_1(y,\theta)\,dy}$$

其中

$$f_1(z,\theta) = e^{-\frac{g}{R}\int_0^z \frac{dz}{T}}; \qquad f_2(z,\theta) = f_1(z,\theta)\int_0^z \frac{\partial T}{\partial \theta}\,\frac{1}{T'^2}\,dz.$$

$$x = 2\sqrt{\frac{2i\Omega\cos\theta}{c}}z, \qquad -y = \frac{x}{\sqrt{i}}.$$

並且 P_0 为地面平均气压，$p_0 = p_0'(\theta)$ 为地面气压 p_0 与 P_0 的偏差，θ 是余緯度．

　　由以上二式可以求出軸对称情况下气压和風速分速．Берляд 給出了所求得的地面气压分佈，与实际观测的結果大致符合．

　　这样的理論計算結果初看起来是很有吸引性的，类似这样的計算也並不算少，但是实質上这种計算只是簡單地表示了平均温度場和平均流場的依賴关系．温度場既已給定，气压場基本上因之也决定，而風場也就可以用地轉关系算出．使用了和大气实际情况相似的温度場必然地会算出和实际情况相似的流場．

　　Машкович[94] 則不是用实际的温度場，而像 Блинова[95] 討論温度分佈的問題一样，用輻射和湍流作用計算温度場[*]，然后由地轉風方程和靜力方程計算西風風速的分佈．結果和观測事实很接近．这样的作法关键則歸於温度場的計算，如果温度場計算的結果和实际相符，那么風場也必然地和实际情况一致．在第三章里我們曾經得出在以地球半径为尺度的运动場的运动狀态基本上决定於热力作用，因此可以近似地先求温度場，然后再求流場．Машкович 的作法所以成立，可能卽在於此．

§2. 动量源匯和热量源匯对平均經圈环流生成的作用

　　上一节所說到的理論在实質上只是利用了流場和温度場相互依賴的一个平衡关系．Davies[95] 以及后来的 Rogers[96] 的研究則进了一步，他們研究了常定情况下球体上非均匀加热所引起的軸对称运动，他們不但考虑了运动方程中的非綫性項，並且温度也不是完全已知的，只假定在大气下界，温度分佈已知，而整个温度場的分佈則服从热傳导方程．他們的結果指出，在低緯度加热，高緯度冷却的情况下，簡單的略去非綫性項的方程不能給出东西風帶的分佈．考虑了非綫性項的作用后，則有类似大气中的东西風帶产生（这个結論是与下边还要談到的 Phillips[62] 的結果相矛盾的，不考虑渦旋，按 Phillips 虽有非綫性項也無东西風帶出現），但並無三个环的經圈环流．

　　然而無論是最早的 Oberbeck，后来的 Arakawa，Берляд，以至 Davies 和 Rogers，或者把温度分佈完全作为已知的，或者把温度分佈决定於热傳导或者輻射，但都没有考虑运动对温度的影响．虽然以地球半径为尺度的运动基本上决定於热力作用，但这只能作为第

---

[*] 詳見第六章 §1.

一近似。实际上温度場不仅决定於辐射、湍流、傳导等加热过程，也决定於运动場。 另一方面运动場也必定受加热结果的温度場所制約，因此温度場和速度場是相互制約、相互調整的，二者必須从理論上同时决定。 因此有必要以热流量方程来代替热傳导方程。 將温度場完全作为未知数来处理，郭曉嵐从 1954 到 1956 年發表了一系列的研究 [66,80,81]，逐步地在解决这个問題。

郭曉嵐將沿緯圈平均的西風風速 $\bar{u}$，平均位势高度 $\bar{\phi}$ 和平均温度 $\bar{T}$ 分为两个部分：u_0，ϕ_0 和 T_0；u_1，ϕ_1 和 T_1。 前者是准平衡狀态，滿足地轉風和热成風的关系。 后者和 v_1（北風），$\omega_1\left(=\dfrac{dp}{dt}\right)$是加於平衡狀态上的軸对称的小扰动，設摩擦項为 cu_1 和 cv_1；同样設热傳导項与扰动温度成比例，即 $-k\nabla^2 T_1 = c'T_1$。 在大气中 Prandtl 数近於 1，所以 $c'\simeq c$。 將定常情况下的运动方程、連續方程和热流量方程沿緯圈平均，消去变数后，可得

$$\frac{\partial}{\partial p}\left(A\frac{\partial \psi}{\partial p}\right) + \frac{2R}{a^2 p}\frac{\partial T_0}{\partial \eta}\frac{\partial^2 \psi}{\partial \eta \partial p} + \frac{R}{a^2}\left(\frac{\partial}{\partial p}\frac{1}{p}\frac{\partial T_0}{\partial \eta}\right)\frac{\partial \psi}{\partial \eta} - \frac{RT}{a^2 p}\frac{\partial^2 \psi}{\partial \eta^2} =$$
$$= \frac{R}{ap}\frac{\partial H}{\partial \eta} + \frac{f}{\cos\varphi}\frac{\partial \chi}{\partial p}. \tag{4.7}$$

其中 ψ 为流函数，它的定义是

$$v_1 = \frac{1}{\cos\varphi}\frac{\partial \psi}{\partial p}, \qquad \omega_1 = -\frac{1}{a\cos\varphi}\frac{\partial \psi}{\partial \varphi}.$$

並且

$$A = \frac{fZ_0 + c^2}{\cos^2\varphi}, \qquad Z_0 = f - \frac{\partial(u_0\cos\varphi)}{a\cos\varphi\,\partial\varphi}, \qquad \Gamma = T\frac{\partial\ln\theta}{\partial p},$$

$$\chi = g\frac{\partial\tau_{0x}}{\partial p} + \frac{\partial(\overline{u'v'}\cos^2\varphi)}{a\cos^2\varphi\,\partial\varphi} + \frac{\partial\overline{u'\omega'}}{\partial p},$$

$$H = \frac{Q}{c_p} - \frac{\partial(\overline{T'v'}\cos\varphi)}{a\cos\varphi\,\partial\varphi} - \frac{\partial\overline{T'\omega'}}{\partial p}.$$

其中 R 是气体常数，θ 是位温，a 为地球半径，$\eta=\sin\varphi$，τ_{0x} 为包括由地面摩擦而引起的平均西風（u_0）渦动应力，Q 为每單位質量單位时间的加热（由辐射、摩擦消耗和湍流热傳导而引起的）。

在 (4.7) 式里，$\partial H/\partial\eta$ 和 $\partial\chi/\partial p$ 为两个强迫运动的函数，如果不考虑由於基本場不稳定而引起的自由对流，则流場型式和强度决定於 $\partial H/\partial\eta$ 和 $\partial\chi/\partial p$。 設 $\Gamma=-B/p$，B 为常数，不考虑 A 和 $\partial T_0/\partial\eta$ 的变化，並設

$$\psi = \sqrt{\frac{p}{p_0}}\,\Psi, \qquad \zeta = \frac{1}{l}\ln\frac{p_0}{p}, \qquad l^2 = Aa^2/RB$$

则得

$$\frac{\partial^2\Psi}{\partial\eta^2} + \frac{\partial^2\Psi}{\partial\zeta^2} - 2\gamma\frac{\partial^2\Psi}{\partial\eta\partial\zeta} - \frac{l^2}{4}\Psi = -E(\eta,\zeta), \tag{4.8}$$

其中

$$\gamma = (Bl)^{-1}\partial T_0/\partial\eta, \qquad E = -\sqrt{pp_0}\left(\frac{1}{B}\frac{\partial H}{\partial\eta} - \sqrt{\frac{RB}{fZ_0 + c^2}}\frac{f}{a}\frac{\partial\chi}{\partial\zeta}\right).$$

Eliassen[97] 曾得到与(4·8)式非常类似的方程,不过 Eliassen 沒有考虑渦动項,因此在他的方程中相当於 $E(\eta,\zeta)$ 項中只有 Q 和 τ_{x0} 的作用。

适合於边界条件 $p=p_0$ 和 $p=0,\Psi=0$ 的(4·8)式的解为:

$$\Psi(y,\zeta)=\iint G(y,\zeta,y',\zeta')E(y',\zeta')dy'd\zeta'. \qquad (4\cdot9)$$

其中 G 为格林函数, $y=(1-\gamma^2)^{-\frac{1}{2}}(\eta+\gamma\zeta)$,取 r 为源点 (y',ζ') 和作用点 (y,ζ) 的距离,则

$$G(y,\zeta,y',\zeta')=\frac{i}{4\sqrt{1-r^2}}\left\{H_0^{(1)}\left(\frac{1}{2}ilr\right)-H_0^{(1)}\left(\frac{1}{2}ilr'\right)\right\},$$

$$r^2=(y-y')^2+(\zeta-\zeta')^2, \qquad r'^2=(y-y')^2+(\zeta+\zeta')^2,$$

$H_0^{(1)}\left(\frac{1}{2}ilr\right)$ 为虛数的零級 Hankel 函数, $\sqrt{\dfrac{p}{p_0}}G$ 为点源扰动(在 (y',ζ') 点 $E=1$;在所有其他点,$E=0$)所引起的經圈环流的流函数。設 $B=45^\circ C,\partial T_0/a\partial\varphi=1.0\times10^{-7}\,^\circ C\cdot$ 厘米$^{-1}$,

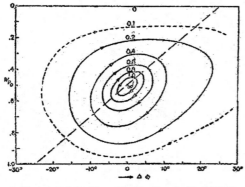

圖4·1　在緯度 45°, $p'=500$ 毫巴上点源的影响
函数 $4\left(\dfrac{p}{p_0}\right)^{\frac{1}{2}}G$ 的分佈[81]

点源扰动的位置为 $p'=500$ 毫巴, $\varphi=45^\circ$,则圖 4·1 为格林函数 $4\sqrt{\dfrac{p}{p_0}}G$ 的分佈圖。由圖我們可以看出当 H 随 φ 的增加而减小时,将有正环流;当 H 随緯度的增加而增加时,将有逆环流。对於 χ 来說,当它向上减小时(近地面为西風动量的滙,高空为西風动量的源),将有逆环流,当 χ 向上增加时将有正环流。

郭曉嵐假定緯向摩擦动力沿垂直方向上的变化是 p 的指数函数,

$$\tau_x=\tau_0\exp[\beta(p/p_0-1)],$$

其中 $\beta=2.5$, τ_0 值取 Priestley[95] 和 Mintz[90] 的計算結果,再根据 Buch[27]在 1950 年的統計,得到的 $\overline{u'v'}$,於是求出

$$\frac{\partial\chi'}{\partial p}=g\frac{\partial^2\tau_x}{\partial p^2}+\frac{\partial^2(\overline{u'v'}\cos^2\varphi)}{a\cdot\cos^2\varphi\,\partial\varphi\partial p}$$

在北緯 15—65° 的垂直分佈,根据它的分佈,郭曉嵐得到經圈环流的略圖(圖 4·2),在对

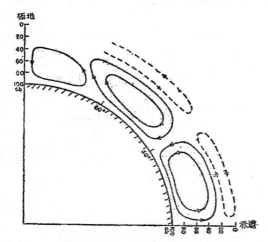

圖·4·2　强迫函数 $f\partial\chi'/\partial p$ 所产生的經圈环流[81]

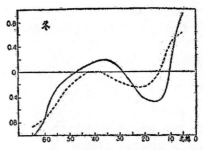

圖4·3　北半球各緯圈上热量得失的平均值[28](实綫为 1 月的 1,000—500 毫巴間的平均值[28],点綫为 12 月整个大气的平均值[100],單位为 °C·日$^{-1}$)

流層中低緯度和高緯度各有一个直接环流,中緯度有一个間接环流,在平流層中子午环流的方向和对流層相反.

他所得到的 $f\dfrac{\partial \chi'}{\partial p}$ 的量級为 10^{-12}—10^{-11} 米·秒$^{-3}$·毫巴$^{-1}$,同时他还認为 $f\partial\chi'/\partial p$ 較 $(R/ap)\partial H/\partial p$ 大一級,因此認为大气中經圈环流为 $f\partial\chi'/\partial p$ 的强迫运动.

郭曉嵐所估計的 $\dfrac{R}{ap}\dfrac{\partial H}{\partial \varphi}$ 可能根据輻射估計,因而偏低. 而他所取的 $\dfrac{\partial\chi}{\partial p}$ 是根据实際观測資料估計的,若取大气的实际加热分佈則 $\dfrac{R}{ap}\dfrac{\partial H}{\partial \varphi}$ 項不一定比 $f\dfrac{\partial\chi}{\partial p}$ 項小. 圖 4·3 是 Берлянд[100] 和朱抱眞[28] 所求的 Q 随緯度的分佈,根据該圖仍可求得三个环的經圈环流. 这时量級 $\dfrac{R}{ap}\dfrac{1}{c_p}\dfrac{\partial Q}{\partial \varphi}$ 的量級比 $f\dfrac{\partial\chi}{\partial p}$ 还要大.

也可由郭曉嵐所求的沿緯圈平均的热流量方程

$$-\sigma\frac{p}{R}\frac{\partial\phi_1}{\partial p}+\frac{1}{a}\frac{\partial T_0}{\partial \varphi}v_1+\Gamma\omega_1=\frac{Q}{c_p}-\frac{\partial(\overline{T'v'}\cos\varphi)}{a\cos\varphi\,\partial\varphi}-\frac{\partial\overline{T'\omega'}}{\partial p}=H$$

来重新估計 H 的量級及其作用,略去上式左端第1項(第2項在垂直方向整个大气的平均值为0). 設 H 主要决定於第3項即垂直运动的分佈,根据圖 1·21 和 1·22 的观測事实可知 $\dfrac{R}{ap}\dfrac{\partial H}{\partial \eta}$ 的量級也是 10^{-12}—10^{-11} 米·秒$^{-3}$·毫巴$^{-1}$,和 $f\dfrac{\partial\chi'}{\partial p}$ 相似. 由观測所得的子午面上垂直运动的分佈(圖 1·17),可以看出在北緯 30° 以南,$\dfrac{\partial H}{\partial \eta}<0$; 在 30—50°,$\dfrac{\partial H}{\partial \eta}>0$;在 50° 以北,$\dfrac{\partial H}{\partial \eta}<0$. 这种分佈也应該得到三个环的經圈环流. 总之,可以認为热量源匯和动量源匯的不均勻分佈对平均經圈环流的形成起了重要作用.

§3. 大型渦旋的尺度对經圈环流的作用

Phillips[101] 在他的大气环流数值研究工作[82] 以前,曾經使用雨層斜压模式的小扰动方程,討論一种簡單的不稳定斜压波对緯向气流的影响(非常定情况). 他不考虑摩擦和非絕热作用,只考虑热量和动量的渦旋輸送,也得到三个环的弱經圈环流,在中緯度为逆环流,在低緯和高緯为正环流,它們形成了地面的东西风带的分佈. 将基本气流定义为沿 x 方向的平均值(以橫綫表示,或以大字母表示),和緯向平均值的偏差以撇号的小字母表示,将两層斜压模式的运动方程和絕热方程沿緯向平均,Phillips 得到 750 毫巴和 250 毫巴(各以角碼 3 和 1 表示)上的平均运动变化率的方程:

$$\Phi_{1yyt}-\lambda^2(\Phi_{1t}-\Phi_{3t})=f^{-1}\overline{\left[\varphi'_{1y}\frac{\partial}{\partial x}-\varphi'_{1x}\frac{\partial}{\partial y}\right][(\varphi'_{1xx}+\varphi'_{1yy})-\lambda^2(\varphi'_1-\varphi'_3)]},$$

$$\Phi_{3yyt}+\lambda^2(\Phi_{1t}-\Phi_{3t})=f^{-1}\overline{\left[\varphi'_{3y}\frac{\partial}{\partial x}-\varphi'_{3x}\frac{\partial}{\partial y}\right][(\varphi'_{3xx}+\varphi'_{3yy})+\lambda^2(\varphi'_1-\varphi'_3)]},\quad(4\cdot10)$$

其中 $\lambda^2=\dfrac{f^2}{\Phi_1-\Phi_3}\left[\dfrac{\Theta_\lambda}{\Theta_1-\Theta_3}\right]$,$\Phi$ 是位势高度,Θ 是位温,角碼 2 代表 500 毫巴. 他假定 750 毫巴和 250 毫巴上不稳定斜压扰动是

$$\varphi'_3=De^{\nu it}\cos\mu y\cos k(x-c_rt),$$
$$\varphi'_1=\sigma De^{\nu it}\cos\mu y\cos[k(x-c_rt)+\psi]$$

其中 D 是决定扰动的絕对振幅的任意常数,σ 是相对振幅,ψ 是相角,二者由下式决定

$$\sigma = \left[(2\alpha V + B)/(2\alpha V - B) \right]^{\frac{1}{2}},$$
$$\tan \psi = (2+\alpha)\nu_i/(k\alpha V).$$

其中 $V = \frac{1}{2}(U_1 - U_3)$，$U_1$ 和 U_3 是基本气流，$B = \lambda^2\beta$，$\beta = \dfrac{df}{dy}$，$\mu = \dfrac{\pi}{2w}$，而 $2w$ 是基本气流的宽度，$k = 2\pi/L$，这里假定在 x 方向上成周期性連續的，卽运动在 $x = L$ 和 $x = 0$ 处完全相等。$\alpha = \lambda^{-2}(k^2 + \mu^2)$。$\nu_i = kc_i$，对於不稳定波 $\nu_i > 0$。c_r 是实数的相速。

将 φ_1' 和 φ_3' 代入沿 x 平均的基本气流运动方程中，然后利用連續方程，Phillips 得到經圈环流 $\overline{V}_1$ 和 $\overline{V}_3$ 是

$$-\overline{V}_1 = \overline{V}_3 = \frac{\mu A}{2f^2(2+\gamma)} \left[\frac{\cosh\sqrt{2\gamma}\,\mu y}{\cosh\sqrt{2\gamma}\,\pi/2} + \cos 2\mu y, \right] \tag{4·11}$$

其中

$$A = \frac{\lambda^2 D^2 e^{2\nu_i t} \alpha (2+\alpha)\nu_i}{f\mu(2\alpha V - B)}, \quad \gamma = \mu^{-2}\lambda^2.$$

他使用 $\lambda = 10^{-6}$ 米$^{-1}$，$\mu = \dfrac{3}{a}$，a 是地球半徑，卽 $2w$ 相当 60 緯度，算得在 60° 緯度的經向区域中有 3 个环流，兩端是正环流，中部是逆环流，中部逆环流比兩端的正环流大。另外他所取的 μ 的数值是 $\mu = \dfrac{3}{a}$，而 $\mu = \dfrac{\pi}{2w}$，相当在 60 个緯度中有一个扰动波，这是和事实相近的，但是这样他必然得到在 60 个緯度中就有三个环的經圈环流。

按照 Phillips 的这种作法，他固定了 $\mu = \dfrac{\pi}{2w}$，所以調整 μ 的数值，可以使 $2w$ 的宽度改变，但所討論的基本气流宽度 $2w$ 中仍是只有一个扰动波，我们现在設

$$\mu = \frac{n\pi}{2w} \quad (n = 1, 3, 5, \cdots),$$

则当 n 为不同数值时，調整 μ 的实际数值，可以在 $2w$ 中有不同数目的波，但仍满足 $y = \pm w$ 时扰动为 0 的边界条件，而解答的形式 (4·11) 没有什么改变。因此我们可以看一下，当 $2w$ 的波数改变，也就是扰动的尺度發生改变时，經圈环流的形成是否受到显著的影响。

当 $n = 1$ 时，我们設 μ 的数值是 $\mu = \dfrac{2}{a}$，则相当在 0—90° 緯度中有一个扰动波。当 $n = 3$ 时，我们設 μ 的数值是 $\mu = \dfrac{6}{a}$，则相当 0—90° 緯度中有一个半扰动波。当 $n = 5$ 时，我们設 $\mu = \dfrac{10}{a}$，则相当 0—90° 緯度中有 2 个半扰动波。我们将各种 μ 的数值分别代入 (4·11) 式可以求出 $\overline{V}_1$ 和 $\overline{V}_3$ 的值，因为只討論經圈环流的形狀，我们只看一下它的符号的分佈卽可，结果如表 4·1。

表 4·1

$n=1$	y	-4	-3	-2	-1	0	1	2	3	4	×1,000公里
	$\overline{V}_3$	-	-	+	+	+	+	+	-	-	

$n=3$	y	-4	-3	-2	-1.5	-1	0	1	1.5	2	3	4
	$\overline{V}_3$	+	+	+	-	+	+	+	-	+	+	+

$n=5$	y	-3	-2	-1.5	-1	-0.5	0	0.5	1	1.5	2	3	4
	$\overline{V}_3$	+	+	+	+	+	+	+	+	+	+	+	+

由上表我們可以看到当 0—90° 緯度中有 1 个扰动波（卽 $n=1$）时，由赤道至極地有 3 个环的經圈环流，中間为逆环流，兩端为正环流。当 0—90° 緯度中有 1 个半扰动波（卽 $n=3$）时，由赤道至極地有 5 个环的經圈环流。当 0—90° 緯度中有 2 个半扰动波（卽 $n=5$）时，由赤道至極地只有 1 个逆环流的經圈环流。上述現象說明了一个很重要的事实：平均經圈环流的数目和大气中大型扰动波的南北尺度是緊密联系着的内在统一現象。在第二章中我們已經指出控制大气环流的外在因子决定了行星波的尺度，現在証明这种行星型扰动波的尺度就必然要求和它相统一的經圈环流的数目。

§4. 东西風带和經圈环流生成的一个非綫性模式

1956 年 Phillips[82] 在上述工作的基础上进一步作出了非綫性大气环流的数值試驗，他採取兩層斜压模式，考虑非絕热加热作用和摩擦作用后，将运动方程、热流量方程和連續方程沿緯圈的方向平均，得到

$$\frac{\partial^2}{\partial y^2} \frac{\partial \bar{\psi}_1}{\partial t} - \frac{f_0}{p_2} \overline{\omega}_2 = A_\nu \frac{\partial^2 \zeta_1}{\partial y^2} - \overline{\mathbf{V}_1' \cdot \nabla \zeta_1'}, \tag{4·12}$$

$$\frac{\partial^2}{\partial y^2} \frac{\partial \bar{\psi}_3}{\partial t} + \frac{f_0}{p_2} \overline{\omega}_2 = A_\nu \frac{\partial^3 \zeta_3}{\partial y^3} - \overline{\mathbf{V}_3' \cdot \nabla \zeta_3'} - k\overline{\zeta}_4, \tag{4·13}$$

$$\frac{f_0}{p_2} \overline{\omega}_2 = \lambda^2 \left[\frac{\partial(\bar{\psi}_1 - \bar{\psi}_3)}{\partial t} + \overline{\mathbf{V}_1' \cdot \nabla(\psi_1' - \psi_3')} - \frac{R}{f_0 c_p} \overline{Q} \right], \tag{4·14}$$

$$\frac{\partial \overline{V}_1}{\partial y} = -\frac{\partial \overline{V}_3}{\partial y} = -\frac{1}{p_2} \overline{\omega}_2. \tag{4·15}$$

其中角碼 1, 2, 3, 4 各表示 250, 500, 750, 1,000 毫巴上的值，ψ 为流函数，A_ν 为涡动粘性系数，k 为摩擦系数，Q 为單位質量的非絕热加热率，各值上的横綫表示沿緯圈方向上的平均值，带撇号的表示該平均值的扰动，$\omega = \dfrac{dp}{dt}$。

Phillips 認为只要知道 ψ_1, ψ_3 和它們的时間微商，便可用 (4·12) 和 (4·13)，或者 (4·14) 求出 $\dfrac{\overline{\omega}_2}{p_2}$，然后由 (4·15) 式可以算出平均的經向風速 $\overline{V}_1$ 和 $\overline{V}_3$。他算得的 $\overline{V}_1$ 如圖 4·4 所示，有明显的三个环的經圈环流，在中緯度是逆环流，在低緯度和高緯度是正环流。在圖中我們还可以看到中緯度的逆环流，比南北兩边的正环流还要强。应当指出三

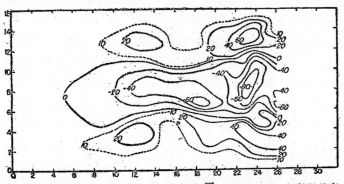

圖 4·4 大气上半部平均經向風速(縱軸，$\overline{V}_1$，單位为厘米·秒$^{-1}$)随緯度和时間(横軸，單位为日)的变化[82]

环的經圈环流与渦旋的关系,当没有渦旋时,也就是在(4·12)—(4·14)式中没有带撇号的項,这时在平均子午面上只有一个大的正环流. 由此可見,三环形式的經圈环流与渦旋必有密切的关联.

Phillips 將对流層下部的东西方向的运动方程沿緯圈平均,得到750毫巴上緯向气流的变化是

$$\frac{\partial \overline{u}_3}{\partial t} = -\frac{\partial}{\partial y}\overline{u_3'v_3'} + f_0\overline{V}_3 + A_\nu\frac{\partial^2\overline{u}_3}{\partial y^2} - k\overline{u}_4, \tag{4·16}$$

他的数值計算結果告訴我們,造成 $\overline{u}_3$ 变化的 (4·16)式右端四項中,第2項和第4項最大,平均經圈环流項和地面摩擦項的合併的作用,形成了地面中緯度的西風帶和低、高緯度的东風帶.

如此看来在 Phillips 文中他把平均經圈环流作为"外在"因子討論地面东西風帶的形成,他所計算的平均經圈环流 $\overline{V}_1$ 的圖又使用緯向气流的时間变化,所以他並未討論平均經圈环流是根据什么"外在"因子决定的,为了討論这一点我們可以由 (4·12),(4·13) 和 (4·14)三式消去 $\frac{\partial \overline{\psi}_1}{\partial t}$ 或 $\frac{\partial \overline{\psi}_3}{\partial t}$,得到

$$\frac{\partial^2\overline{\omega}_2}{\partial y^2} - \lambda^2\overline{\omega}_2 = \lambda^2\frac{p_2}{f_0}\left[\frac{R}{f_0 c_p}\frac{\partial^2\overline{Q}}{\partial y^2} + k\zeta_4 + A_\nu\frac{\partial^2\zeta_3}{\partial y^2} + \overline{V_3'\cdot\nabla\zeta_3'} + \frac{\partial^2}{\partial y^2}\overline{V_1'\cdot\nabla(\psi_1'-\psi_3')}\right]. \tag{4·17}$$

由此我們可以解出 $\overline{\omega}_2$,再由 (4·15)式决定 $\overline{V}_1$ 和 $\overline{V}_3$,这样可知平均經圈环流正是由於非絕热加热、摩擦和后两个形式的渦动作用項的共同結果.

这是非常定的情况,如果考慮定常情况,則由(4·12),(4·13),(4·14)三式中任何一个及 (4·15) 式都可决定平均經圈环流,例如由(4·14)式根据加热作用和温度的渦动輸送項即可决定 $\overline{\omega}_2$,再由(4·15)即可算出 $\overline{V}_1$ 和 $\overline{V}_3$. 同样由(4·13)則根据摩擦和渦动項也可算出 $\overline{V}_1$ 和 $\overline{V}_3$. 然而这並不意味着由 (4·14)式决定平均經圈环流时没有摩擦的作用;显然如果把(4·14)式右端的渦动項当作已知的强迫函数,則其实际数值必然也包含摩擦作用. 同样用(4·13)式决定經圈环流时也並不意味着没有加热的作用.

§5. 关於东西風帶和經圈环流生成的机制

以上我們將过去有关东西風帶和經圈环流的形成問題作了綜合的討論,总結上面的討論,我們似可得到这样的結論:东西風帶和經圈环流是同时形成的两个现象,它們是在对大气不均匀加热作用下通过大型渦旋对动量和热量輸送作用所造成的結果.

由郭曉嵐所求的(4·7)式,可以知道不均匀的非絕热加热作用、摩擦作用和渦旋对运动量及热量的輸送造成了經圈环流,我們已經指出了 $f\frac{\partial\chi}{\partial p}$ 和 $\frac{R}{ap}\frac{\partial H}{\partial \eta}$ 的量級是一样的,然而过去不同的作者使用其中的个别項也可以得到三个环的經圈环流,例如郭曉嵐只用了 $f\frac{\partial\chi}{\partial p}$,卽地面摩擦作用和渦旋对角动量的輸送. 作者在上面只考慮非絕热作用和渦旋对热量的輸送,也得到三环的經圈环流. Eliassen 只考慮非絕热加热和摩擦而不考慮渦旋作用;与此相反,Phillips 在 1954 年的工作只用渦旋輸送,不考慮摩擦和非絕热作用,但都得到了平均經圈环流. 这些結果的物理机制虽然还不完全明了,但可以推知上述几个因子都对平均經圈环流起了重要的作用.

从 Phillips 在 1956 年的工作更明显地看出加热、摩擦和涡动項在这方面的作用.

因此我們对大气的經圈环流和东西風帶生成的机制过程提出如下的看法:經圈环流的形成, 首先是不均匀的非絕热加热作用和大型涡动将热量和动量輸送作用的結果. 当三个环的經圈环流一經形成的同时, 在地球自轉的作用下, 必然产生地面的东西風帶. 而地面东西風帶一經形成, 地面摩擦就对东西風帶的消長發揮了具体的作用, 它对緯向动量的消耗和垂直涡动的动量輸送之間的差異反过来又加强了原来非絕热作用和大型涡动所造成經圈环流的狀态. 因此, 大气平均狀态中存在着的三个經圈环流和地面东西風帶是不均匀加热作用、地球自轉作用、大型涡旋对动量及热量輸送作用和摩擦作用共同来形成和維持的, 当然, 它們中間又有着相互制約的作用.

另一方面大气中的經圈环流的环数和大型涡动的尺度又是內在的統一, 而后者则决定於控制大气环流的外在因子

在以上的討論中, 可以看到大型涡旋对經圈环流和东西風帶的形成是起了重要的作用[*], 这里是将大型涡旋作为控制經圈环流的第一性的因子, 而将經圈环流作为其从屬的第二性的现象. 但是很显然地大型涡旋本身乃是大气环流中的一个重要环节, 並非純粹外在的因子. 它本身的尺度以及移动速度等也反过来受緯圈环流的影响. 大型涡旋的發生及其狀态、作用是很重要的問題, 在这方面我們所能提出的是: 对於大气环流有重要作用的涡旋空間尺度是由地球自轉和太陽輻射引起的非均匀加热所决定的(参看第二章 §3). 关於它我們还需要更多的理論和实际知識, 对於大型涡动的問題我們还将在第七章中討論.

§6. 急流的形成——水平大型涡旋混合理論

上面只說明了地面上东西風帶的形成, 在高空風帶则成为卓越的西風並且有一个强烈集中的西風急流.

西風急流的存在自从被观测事实証实以来, 人們發现許多重要的天气、气候现象是和它有机地联系着. 一个重要的問題是西風急流如何形成和如何維持的, 这是一个很重大的問題, 但是到今天为止, 討論这个問題的研究工作並不算多.

Rossby[88] 在这个問題上首先重新使用了大型涡动的交換作用的概念. 在第二章控制大气环流的物理因子中已經講到, 考虑了大气水平尺度与垂直尺度的比值后, 可以認为大气运动主要是水平运动, 因此我們可以把大气环流看作大规模水平湍流的統計結果. 然而湍流的最終作用是使得"性質均匀化", 由此 Rossby 認为在大型涡旋的交換作用中具有反气旋涡度的暖空气北上, 具有气旋涡度的冷空气南下, 在它們的混合过程中, 若絕对涡度的垂直分量保持不变, 则結果使得在整个發生混合的区域中絕对涡度在南北方向上成为常值. 然后計算这种情况下平均流場的最后情况.

假如上述过程發生於两个整个半球, 则由赤道到两极造成两个絕对涡度此消的区域, 在北半球为正, 在南半球为負, 如此在赤道区發生与混合概念相矛盾的不連續, 因此 Rossby

---

[*] 在第八章中討論角动量平衡时, 我們将看到作为大型涡旋的不稳定波是造成角动量向北輸送的一个主要机制, 由此可以更深入地討論东西風帶維持和大型涡旋的关系.

假定上述混合作用在北(南)半球只在一定的緯度以北(南)發生(以南則人为地假設有渦度自北向南的常定輸送)。結果使得这个区域得到一个常值的絕对垂直渦度(殻为 $2\omega_p$ 而 ω_p 为極点的角速度)相应的絕对西風角速为

$$\dot{\lambda}=\frac{2\omega_p}{1+\sin\varphi},$$

由此得到相对西風 u 为

$$u=a\Omega\frac{\dfrac{2\omega_p-\Omega}{\Omega}-\sin\varphi}{1+\sin\varphi}\cos\varphi, \tag{4.18}$$

其中 a 和 Ω 是地球的半徑和角速度,設

$$\frac{2\omega_p-\Omega}{\Omega}=\sin\varphi_1 \qquad 或 \qquad \omega_p=\Omega\frac{1+\sin\varphi_1}{2},$$

則得

$$u=a\Omega\frac{\sin\varphi_1-\sin\varphi}{1+\sin\varphi}\cos\varphi. \tag{4.19}$$

所以在 $\varphi=\varphi_1$ 时西風为零,当 $\varphi>\varphi_1$,則变成东風。φ_1 的值决定於 ω_p,而 ω_p 則由混合前后总絕对角动量不变的条件下算出。

Rossby 以实际观测到的極地东風帶的緯度决定 φ_1,由 (4.19) 式計算了西風的廓綫,得到西風風速随緯度的减低而增大。在向南到达一定緯度 φ_0 (35° 或 30°) 时,造成强大的風速切变,当 $\left(\dfrac{\partial u}{\partial y}\right)_{\varphi_0}>f$ 时,發生惯性不稳定,於是西風風速不能再向南增加,也就是大型混合作用不再向南伸展。在它的南边西風風速的分佈取决於渦度的向南輸送(显然如果这种輸送能够維持常定,必須是在这个边界的下面是一个渦度的源区,由上升运动来补充渦度的輸送)。

这种理論計算結果得到的西風風速廓綫虽和实际观测極为相似,但是他所取的 φ_1 是由实际观测到的極地东風帶的緯度所决定的,而实际上这是不允許的(φ_1 应由混合前后总角动量不变的条件下自 ω_p 算出)。

在上述理論中存在的問題是这种說法与环流加速定理不合,因为 Rossby 假定在 φ_0 以北空气混合,絕对渦度成为常值,但这种純粹混合作用不能使混合区域的总渦度有所增加,按照环流定理则沿緯圈的平均西風風速也不能增加。根据叶篤正[102]和 van Mieghem[103]的研究,任何一个区域內渦度总值的增减必定通过"边界作用",因此大型渦旋的交换作用不能只限於急流以北的区域。

§7. 急流的形成和維持——大型渦旋輸送理論

我們可以从另外一个角度来討論渦旋輸送作用。在以后第八章中将要討論角动量平衡对东西風帶的維持問題,由於渦度正是表示風的一种特征的分佈,所以同样可以由渦度平衡来討論西風的維持問題。

在常定的高压帶必有反气旋性渦度的維持,在常定的低压帶必有气旋性渦度的維持

地面摩擦作用在高压帶破坏反气旋性涡度,也就是說地面把气旋性涡度加給大气.在低压帶則相反.所以要維持常定的風帶,高压帶必定經常把所得的正涡度向外輸送. 在西風急流的南边經常是反气旋涡度,在它的北边是气旋性涡度, 因此要維持西風急流的存在, 必定有从南向北的涡度輸送,这种輸送是由大型涡旋来完成的[102]

郭曉嵐[104],[105]曾將涡度輸送和西風急流的維持予以理論上的探討. 他假定涡旋只是一塊具有涡度为一定数量和一定分佈的流体,基本气流是純粹的緯向环流 $U_0(y)$ 和时間与經度無关. 在基本气流上加上微扰动,將綫性化的涡度方程加以全微分,乘以 $\cos\varphi$,再沿两个緯圈所夾的面积(F)积分,並假定在过程中总角动量不变,跨过任意緯圈上的質量輸送淨值为零,最后得到

$$\rho_0\Gamma\overline{\frac{\delta v'}{\delta t}}F=\int_F\cos\varphi\,\rho_0\,\zeta'\frac{\delta v'}{\delta t}dF=\int_F\cos\varphi\,\rho_0 v'^2\frac{\partial Z_0}{a\partial\varphi}+\int_F\cos\varphi\,Z_0 v'\mathrm{div}_2(\rho_0\nabla')dF. \quad (4\cdot20)$$

上式左端中 $\Gamma\overline{\frac{\delta v'}{\delta t}}$ 表示經向加速度和此涡旋流体面积(A)上的涡度的相关,而

$$\Gamma=\iint_A\zeta'\cos\varphi\,dA.$$

將上式除以 ΓF,則得在 y 方向上作用於涡旋上的平均經向加速或外力.

上式右端第一項为絕对涡度分佈不均匀的作用,第二項为輻散的作用,第二項比第一項小一級,卽絕对涡度分佈的不均匀性使得气旋性涡旋($\Gamma>0$)向絕对涡度高值区移动,使反气旋性涡旋($\Gamma<0$)向絕对涡度低值区移动. 因此涡旋的輸送是可以和 Z_0 的梯度相反(这就是說涡旋的交換混合是有一定方向的,並且可以与 Z_0 的梯度相反,此点与 Rossby 的上述論点不同)

由於大气中的絕对涡度 Z_0 的分佈是向北增加的,因此若有涡度集中的現象發生,必定使得气旋性涡旋向北輸送,结果將造成涡度分佈的新狀态,西風也將随之变化. 为了解釋这个过程,假定在任意緯圈上产生了具有一定涡度的涡旋,它不与原来周围的涡度分佈相合,那么它一定不能保持平衡,这种涡旋要移到当其周围絕对涡度分佈和它本身所具有的絕对涡度相同时,才停止下来. 但反气旋性涡旋向南輸送,气旋性的涡旋向北輸送,而总的輸送结果在涡旋活动頻繁的区域涡度梯度增加,在以外的区域涡度梯度减少. 相应这个变化使得西風在前者的区域中加强,而东風在后者發展.这也就是說涡旋能够具有輸送西風动量的作用,使西風急流得以發展. 郭曉嵐从理論上得到了

$$\frac{\partial}{\partial t}\int_0^\infty\int_0^{2\pi}\rho u d\lambda dz\approx\int_0^{p_0}\int_0^\pi\frac{1}{g}v\zeta d\lambda dp-2\pi F_x. \quad (4\cdot21)$$

卽平均西風动量的增加率和气旋性涡度向北輸送及摩擦消耗 F_x 有关. 叶篤正[102]得到与(4·21)式相同的结果(只是没有对 z 积分).

若引用扰动流函数 ψ,而 ψ 取作

$$\psi=\Phi(y)e^{ik(x-ct)},$$

其中 Φ 和 c 是复数,將 v' 和 ζ' 以 Φ 的函数表示,再由涡度方程决定这里所要的函数 Φ,最后得到

$$\int_0^{2\pi}v'\zeta'd\lambda=2\pi\overline{v'\zeta'}=-\pi\frac{kc_i}{|U_0+c|^2}e^{2kc_it}\frac{dZ_0}{dy}|\Phi|^2, \quad (4\cdot22)$$

即 $\overline{v'\zeta'}$ 的符号决定於 $-c_i\dfrac{dZ_0}{dy}$. 將上式代入 (4·21) 略去摩擦，並对时間积分，则

$$\Delta\bar u=\bar u_t-\bar u_0=\int_0^t \overline{v'\zeta'}\;dt=\frac{1}{4}(1-e^{2kc_it})\frac{dZ_0}{dy}\;\frac{|\varPhi|^2}{|U_0-c|^2}. \tag{4·23}$$

由 (4·22) 和 (4·23) 可以知道，当扰动是稳定的 ($c_i<0$)，则所产生的渦旋輸送与絕对渦度的梯度相反，並且在 $\dfrac{dZ_0}{dy}>0$ 的地区西風速度增加，在 $\dfrac{dZ_0}{dy}<0$ 的地区西風速度减小，当扰动是不稳定的，则情况相反. 由於西風帶中絕对渦度的分佈通常是向北增加的，所以稳定的扰动产生的渦旋輸送是和絕对渦度梯度的方向相反，因此使得絕对渦度的梯度加强，因此西風加强 (这时渦旋把能加給西風). 反之不稳定的扰动使西風减弱 (这时动能由西風加給渦旋). 这也正是正压模式的必然結果，所以我們应該指出，郭曉嵐这个理論还只是正压大气的情况. 而实际上大气具有明显的斜压性質，如果考虑了大气的斜压性，这个理論的結果是否不变可能还是一个問題 (例如这时动能的轉换就很不一样了).

大型渦旋的輸送对西風急流生成的作用在 Phillips[82] 的大气环流数值研究中，也得到了明显的結果. 將东西方向上的运动方程沿緯圈平均，得到 250 毫巴上的西風变化是

$$\frac{\partial\bar u_1}{\partial t}=-\frac{\partial}{\partial y}\,(\overline{u_1'v_1'})+f_0\bar V_1+A_\nu\,\frac{\partial^2\bar u_1}{\partial y^2}.$$

上式右端第一項为大型渦旋对角动量輸送作用，第二項代表平均經圈环流的作用，第三項代表渦动扩散作用. 当渦旋加到平均运动場 10 天以后，得到了一个重要結果是中緯度的 $\bar u_1$ 增强，在其南北的 $\bar u_1$ 减弱，於是形成中緯度的西風急流. 西風强度主要决定於經圈环流項和大型渦旋項，前者对西風变化的貢献一般正与 $\dfrac{\partial\bar u_1}{\partial t}$ 的結果相反，而后者基本上一致. 所以經圈环流的作用是使 $\bar u_1$ 均匀化，而急流生成的决定性因子是大型渦旋对角动量的輸送. 至於为什么大型渦旋向北輸送角动量，將在第八章中討論.

以上是对整个緯圈平均狀态而言，对於局地西風急流的生成还有 Rossby[106] 的动量集中的机制的討論. Namias 和 Clapp[16] 提出的所謂会合学說 (Confluence theory)，認为急流是由於中部对流層，有来自南北的暖、冷空气相会合，在急流周圍形成一个正环流，按照 V. Bjerknes 的环流定理質量分佈的位能轉为动能使得西風風速加强. 但是实际上这样的解釋是錯誤的，因为在 Namias 的急流附近的垂直环流模式 (原文圖 4) 上，按照南北气流相遇的理論，該圖中自南向北的气流 EF 不应在平流層，而应在对流層，如是则圍繞着急流的垂直环流应为逆环流而非正环流. 朱抱眞[107] 和 Endlich[108] 都曾計算过西風急流附近垂直运动的个别例子，指出西風急流附近的垂直运动和急流發展过程的阶段有关，但結果都是逆环流的存在更为可能.

根据以上所述，从 Rossby 的工作到郭曉嵐以及 Phillips 等的工作，我們可以看到大型渦旋的又一个重要的作用，就是通过角动量和渦度的輸送而形成了西風急流. 西風急流一經形成，温度梯度必然地要跟着它加强起来，才能维持平衡. 但在第三章中我們知道对於西風急流这样尺度的运动，主要应該是动力作用. 所以当只有由温度場造成的非地轉的气压場时，並不能引起相应的風場，除非这种温度場有某种动力因素维持，風場才能相应地生成. 所以我們認为西風急流的生成原因可能是动力的，而不是热力的.

第五章 关於西風帶平均槽脊的形成

在大气的东西風帶沿着緯圈的方向上存在着常定的不均匀性,这就是高空西風帶的平均槽脊,低空的被称为大气活动中心的半永久性低压和高压,以及在局地特别强烈的西風急流。关於这些现象的成因是气象学中久已討論的問題。

因为这些常定的大型天气系統是一个具体时期(例如月平均)里平均环流的重要成員,它的生成問題和大规模的非常定运动問題紧密地相联,因此如果我們能对平均槽脊和活动中心的形成的控制因子有了認識,我們就对較长期的天气預报,例如一个月的平均形势的預报就有了基础。

我們知道在控制大气的几个基本的外在因子中,太陽輻射能和地球自轉在緯圈方向上是没有差異的。 只有地球表面的不均匀性在緯向上的差異才是非常显著的,这些地球表面的不均匀性包括海陆分佈所引起的热力差異,巨大的高原和山脈,和表面摩擦。所以人們很早就以这些特性来分析探討大气活动中心以及平均槽脊的形成。因此在这个問題中我們首先要注意地形、海陆热力差異和摩擦在北半球上的分佈。

地形在空間上虽然是确定的,但它对於气流的动力作用还是和大气的性質和結构有密切关系。 海陆的热力差異和摩擦就是在地理分佈上也不是那样簡單地就能确定的,海陆分佈在地理位置上虽然是固定的,但它們对大气所加給的热量差異必須通过太陽、大气、地面之間的輻射过程,以及大气的运动过程来实现。 也就是說海陆分佈所引起的热力差異不能离开现有的平均大气状态而找到。 过去人們[109,110]多以平均溫度場来代表海陆热力差異,这是不完全的。 因为大气环流形成的物理过程是不均匀加热作用通过大气的动力学规律而来的,溫度場也是在这个过程中形成的。 大气中的活动中心和平均槽脊就是通过这些沿緯圈上的不均匀性和气流的相互作用而来的。

因此在这一章中,我們先对北半球上的地形分佈和加热場的分佈予以了解,然后再总結一下它們在大气平均状态的形成上發生什么作用,后者我們主要的討論西風帶的平均槽脊,而附帶談到有关的其他现象。

§1. 北半球上地形和热源、热匯的分佈

从北半球的平均地形圖[111](圖5·1),我們可以看到在北半球上有两个最大的山系,一个是以世界屋脊的西藏高原为中心的麗大的亞洲山系,另一个是以洛磯山为中心的北美洲的山系。 西藏高原的平均高度在 4 公里以上,佔对流層的 $1/3$,东西的長軸达 3,000 公里以上,南北宽度达 1,500 公里。 洛磯山的高度虽比較低,但一般也在 2 公里以上,南北長达 5,000 公里,这样巨大的障碍物必定对於流过它表面的大气發生相当的作用。

另一方面,我們可以注意到西藏高原和洛磯山的形狀是非常不同的,前者是橢圓体,而后者是長条形的,可以推論这样形狀不同的山脈也必然地会对大气發生不同的影响。

大气的热量得失主要是取决於太陽、大气和地球間的輻射过程,大气中間的湍流傳热以及凝結、蒸發等潛热的轉换。 由此我們对热源和热匯給予下列明确的定义:在某地理区

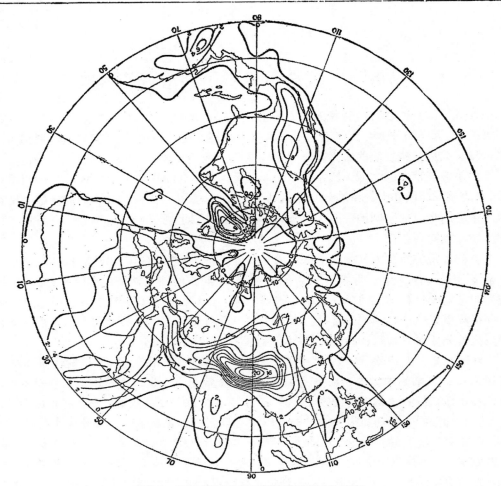

圖 5·1　北半球平均地形圖[111]（高度單位为千呎）

域上的大气，通过上述过程平均地得到热量时，我們把这个地区叫作热源。相反，当大气失去热量时，我們叫作热匯（或冷源）。

目前热源和热匯的分佈还不能直接測定，因此人們用間接的方法来計算。基本上有两种方法：一种是直接地分別計算輻射、湍流和凝結等分量，然后再求总合，例如：Jacobs[112]，Будыко，Берлянд и Зубенок[113]，Берлянд[100]等。另一种是从热量方程和运动方程利用風和温压場的平均資料来倒算加热量的分佈，例如：Wexler[114]，Погосян[115]，Möller[116]，Aubert 和 Winston[117]，Wippermann[118]，巢紀平[119]等。朱抱真[28]最近叉利用更完善的平均資料按照此种方法对北半球范圍1月和7月对流層下半部的热源分佈予以数值的計算，结果如圖5·2和圖5·3。

由圖上可以看到热源、热匯的中心和大陆、大洋地理中心的位置並不一致。而热源的分佈和近地面層温度場或 1,000—500 毫巴平均温度場也不一致。

在圖上，我們可以看到不論在冬季或夏季，中、高緯地区，热源沿着緯圈的变化是非常显著的，这不能不归於沿着緯向上大陆（包括大地形）和海洋的交替分佈对加热过程所起的巨大影响。这种影响也反映在1月和7月中高緯地帶的海洋和大陆上的热源分佈基本

圖 5·2　北半球 1 月對流層下半部的熱源和熱匯的分佈[28]（單位：×10⁻⁵ 卡·克⁻¹·秒⁻¹）

圖 5·3　北半球 7 月對流層下半部的熱源和熱匯的分佈[28]（單位：×10⁻⁵ 卡 克⁻¹·秒⁻¹）

上是相反的。

在1月，两个大洋的东部有着强大热源，由海洋上通过湍流加給空气的热量[113]对於这两个热源的形成是最基本的。主要的热匯出現於亞洲大陆、北美洲大陆、格陵蘭地区，主要是因为在这些地区的冬季輻射冷却是很大的，因而必須通过湍流和其他作用自大气取得热量。

把7月和1月比較，不論在热源位置上和强度上都有明显的变化。这时热源主要是位於大陆上，例如以西藏高原为中心的亞洲的高原区和以洛磯山为中心的高原区。这个現象的可能解釋是由於高原在夏季的受热作用通过湍流輸送給空气的热量是很大的。整个太平洋基本上是广大的热匯，大西洋上除去北美东部沿海以外也主要是热匯。

我們已經講过，这种大型热源和热匯的分佈不但决定於外在的太陽輻射，海陆分佈的下墊面狀态，也显然决定於大气环流本身的狀态（所以也包括了地形作用等等的动力因素）。但無論如何它們在緯向上的不均匀的分佈和海陆分佈一定有着本質的联系。

§2. 大尺度热源扰动理論

在上面我們已經談到人們是以海陆分佈的热力差異和地形对緯向环流所發生的扰动来解釋西風带的平均槽脊及其有关現象的形成。从热力差異的扰动出發是更早的。这种不均匀加热对大气扰动的理論不但在大尺度运动中經常使用，在小尺度的运动中也一直被人注意着[120-142]。

Блинова[109]在1943年研究大尺度大气过程的动力学，在輻射、乱流和海陆分佈所形成的月平均温度場为已知的条件下，解出压强場的分佈。她将球坐标的渦度方程加以小扰动后，得到

$$\alpha\frac{\partial}{\partial\lambda}\left[\frac{\partial}{\partial\theta}\left(\sin\theta\frac{\partial\psi}{\partial\theta}\right)+\frac{1}{\sin\theta}\frac{\partial^2\psi}{\partial\lambda^2}\right]+2(\alpha+\Omega)\sin\theta\frac{\partial\psi}{\partial\lambda}=a^2c\Omega\frac{\sin2\theta}{\bar{T}}\frac{\partial T'}{\partial\lambda}. \quad (5\cdot1)$$

其中 α 表示大气对地球运动的角速度，和余緯 θ 無关，ψ 是小扰动的流函数，$\bar{T}+T'$ 是由於輻射湍流和海陆分佈所形成的月平均温度分佈，假定它是已知的，则可求出 ψ 的解答形式。她曾利用1月海面平均气温圖求出 $\bar{T}+T'$，然后算出海面和4公里高度上1月的压强場，得到冰島低压、西伯利亞高压等大气活动中心。

作者到目前为止还沒有見到 Блинова 所算得的实际圖形*）。最近 Haurwitz[124] 曾用Блинова 的方法計算了1月3公里的平均气压圖，槽脊的位置和实況相当地接近。但是对於这个方法的計算我們想提出两个問題：第一是众所周知的力管項在渦度方程中的量級問題，过去一般的量級比較都認为力管項比輻散項小一級，而对水平力管場的作用略去不計。然而在定常情况下到底如何？根据700毫巴平均温压場圖[19]計算，在水平力管場較大的地方（美洲东海岸），这一項达到 1×10^{-11}秒$^{-2}$，根据 Namias[125]的計算这一带的輻散最大值是 5×10^{-7}秒$^{-1}$，所以渦度方程中輻散項达到 5×10^{-11}秒$^{-2}$，因此力管項比輻散項小，但可能达到同一量級。虽然在目前輻散項的計算不易准确，不能肯定水平力管項在常定問題中的作用是否一定和輻散項一样，但按照 Haurwitz 計算的3公里平均气压圖可

*）在本卷完稿时，作者看到 Чекирда[123] 最近根据 Блинова 方法所計算的海面气压場和实況並为一致。

知力管場的扰动还是起了相当的作用。第二点要提出的是：Блинова方法是从温度場算气壓場，然而正像第四章已經指出過温度場並不是第一性的，而是和气壓場相互制約的。所以从实际的平均温度場出發並不足以完滿解釋平均气壓場的形成。

Погосян[115] 在 1947 年研究大气环流的季节变化时，他对平均槽脊的解釋进一步利用了加热場，但他忽略了大气的动力過程，而主要是从海陸分佈受热不同所造成的气团变性来直接地解釋。 Sutcliffe[110] (1951) 也是从海陸分佈的直接热力作用加上斜压性的天气過程来解釋对流層下半部的平均温度場（卽 1,000—500 毫巴厚度場）；而高空平均高度場則随之而定。姑且不論他所說的"天气学斜压性發展過程"正是大气环流的一个动力過程，它与平均槽脊的形成也正是一个過程的兩个現象，因此不能用它来說明槽脊的形成。單就他所强調的加热的直接作用来看，也是有問題的。 例如 Погосян 由加热的直接影响所算的槽脊位置和实况就有很大的出入。

从輻射、乱流、凝結等所生成的加热場出發通過大气的动力過程討論平均槽脊和大气活动中心的形成是更进一步的合理途徑。Smagorinsky[126] 在 1953 年研究了大尺度热源热匯对准常定平均运动的动力影响。他假定緯向均匀的加热和冷却所造成的緯向环流达到了平衡状态，另一方面沿着緯向改变的热源热匯則可扰动了緯圈环流。 他考虑大气是斜压的，基本气流 u 随高度作綫形增加，$U = U_0 + \Delta z$。在涡度方程和热量方程中加以小扰动，並設地轉近似，則在常定情况下得到

$$U\left(\frac{\partial^2 v}{\partial x^2} + \frac{\partial^2 v}{\partial y^2}\right) + \beta v = \frac{f}{\rho} \frac{\partial \rho w}{\partial z},$$

$$U \frac{\partial v}{\partial z} - \Delta v + \frac{g}{f} \frac{\partial \ln \theta}{\partial z} w = \frac{g}{f} \frac{1}{c_p T} Q.$$

这时 Q, v, w 都是小扰动量，$\frac{\partial \ln \theta}{\partial z}$ 是平均量，其中 Q 是單位質量的加热率，θ 是位温。

再假定热源扰动水平分佈是沿着緯圈和經圈成正弦函数的变化，

$$\frac{1}{c_p T} Q(x,y,z) = N e^{-\frac{z}{h}} \sin\left(\frac{\pi z}{z_T}\right) \sin kx \sin \mu y, \tag{5.4}$$

其中 N, h 是常数，z_T 是对流頂高度，$\kappa = \frac{2\pi}{L}, \mu = \frac{2\pi}{D}$，而 L 和 D 是已知热源的緯向波長和經向波長。 由此 Smagorinsky 以下列形式的解

$$v(x,y,z) = [V_1(z) \sin kx + V_2(z) \cos kx] \sin \mu y,$$

$$w[x,y,z] = [W_1(z) \sin kx + W_2(z) \cos kx] \sin \mu y,$$

由 (5.2) 和 (5.3) 在一定的边界条件下决定 V_1, V_2, W_1 和 W_4。

当不考虑摩擦作用时，他得到扰动在各高度上的位相沒有改变，在对流層中，在热源的东边 $1/4$ 波長的地方有槽，在热匯下游 $1/4$ 波長的地方有脊。当考虑摩擦作用后，扰动随高度的傾斜是連續的，500 毫巴槽位於热源西边 15° 經度，而地面低压位於热源的东边 25° 經度的地方（参看圖5.4）（脊則和热匯有同样的关系）。由此他定性地討論了北半球平均槽脊和大气活动中心的形成。

在 Smagorinsky 的工作中我们要指出兩点：(1)他所給予的解答形式並非一般的，他只强調了扰动在垂直方向上的变化，和热源扰动沿緯圈（x 方向）上与波形热源的位相差，

但不管它們在經圈(y方向)上的位相差, 因此他的解答只是表示了 x—z 面上的扰动, 从水平运动上講, 他的解答仍是一度的。(2)他採取了理想模式化的热源和热匯的分佈, 而实际的热源分佈是很复杂的。以后朱抱真[127] 所作的理論計算, 就考虑了这两点, 在下面还要再談到。

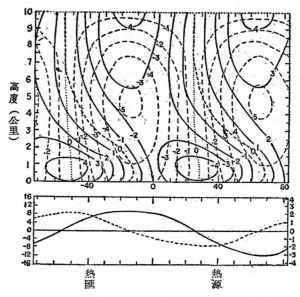

圖 5·4　大型热源和热匯的扰动圖, 上部为扰动的經向速度 v (实綫, 單位为米·秒$^{-1}$) 和垂直速度 w(虛綫, 單位为厘米·秒$^{-1}$) 的緯向剖面圖, 下部为海面 (实綫) 的扰动气压和 500 毫巴 (虛綫) 的扰动高度的緯向廓綫圖[126](左边縱軸为扰动气压, 單位为毫巴; 右边縱軸为扰动高度, 單位为 100 呎)

§3. 大尺度地形的微扰动理論

以上所談的是热力差異的作用, 另一方面是地形的作用。本来小尺度地形对气流的扰动[128-132]是很早就为人們所知道的, 但近 10 年来人們更注意了大尺度的地形对西風帶所發生的强迫扰动。关於这方面的理論已不算少。

1949 年 Charney 和 Eliassen[64] 从理論上第一次算出了沿着 45° 緯圈上大地形所發生的强迫扰动, 1950 年 Bolin[133] 將它扩充到两度問題上, 他們的結果使得地形作用确立起来。从相当正压的渦度方程, 考虑地形的边界条件 $w_0 = \mathbf{V}_0 \cdot \nabla \eta$ (其中 η 为地形函数), Charney 和 Eliassen 得到微扰方程:

$$\nabla^2 z + \frac{\beta}{U} z = -c \frac{f^2}{gH} \eta(x),\tag{5·5}$$

其中 c 是地面西風 U_0 和 500 毫巴西風 U 的比值, 而 $H = \dfrac{RT_0}{g}$ 是均質大气的高度。他們假定了扰动的經向变化, 計算 1 度的問題。数值計算結果得到的槽脊位置与实况相差过多, 引进摩擦作用后結果和实况比較一致。但他們所取的山高是 40°—50° 緯圈的平均值, 而亞洲方面最大的西藏高原基本上位於北緯 40° 以南, 因此解答的代表性是不足的。Bolin 則取理想的圓丘山, 結果得到在高原位置上有脊, 下游有槽, 和洛磯山的情况很相似

（但他所求的只是和地形对称的特解）。Bolin 於是强調指出地形对西風帶的动力作用，他和 Sutcliffe 相反，認为 500 毫巴流型是受地形的动力作用所生成的，500 毫巴流場决定后则平均温度場亦随之决定。

以上都是正压模式的地形扰动理論，並且是 1 度的或 2 度的解答。1955 年 Мусаелян[134] 發表了球形地球上的地形扰动的空間問題，他从球坐标的流体力学、热力学方程組出發，把大气当作是斜压的，温度向上成綫形减低，用小扰动法解常定問題，边界条件取作当 $z=H$ 时，$p'=0$；当 $z=0$ 时，$w'=\alpha H \dfrac{\partial \eta}{\partial \lambda}$。他不用地轉近似巧妙地同时解出小地形和大地形的压强場。对於大地形他得到的解答是：

$$p'=\frac{H\bar{\rho}g(\gamma_a-\gamma)}{\bar{T}}e^{\Delta z}\Sigma\Sigma\frac{e^{D_n z}-e^{D_n(2H-z)}}{\left(\Delta+\dfrac{g}{\varkappa R\bar{T}}-D_n\right)e^{2D_n H}-\Delta-\dfrac{g}{\varkappa R\bar{T}}-D_n}\times$$

$$\times(\eta_n^m\cos m\lambda+\eta_n'^m\sin m\lambda)P_n^m, \tag{5.6}$$

其中

$$D_n^2=\frac{1}{4}\left(\frac{g'}{\varkappa R\bar{T}}-\frac{2Mg}{a^2 o\Omega\bar{T}}\right)^2+\frac{(\gamma_a-\gamma)g}{4a^o\Omega^o\bar{T}\cos^2\theta}\left[n(n+1)-\frac{2}{a/\Omega}\right],$$

$$\Delta=-\frac{1}{2}\left(\frac{g}{\varkappa R\bar{T}}-\frac{2Mg}{a^2 o\Omega\bar{T}}\right). \tag{5.7}$$

这里 H 也是均質大气的高度，$\varkappa=c_{\bar{p}}/c_{q}\approx1.41$，$a$ 是基本气流的角速度，作为常数，M 是極地和赤道的温度差，而山形 $\eta(\theta,\lambda)$ 是用球函数展开的：

$$\eta(\theta,\lambda)=\sum_{n=1}^{\infty}\sum_{m=1}^{n}(\eta_n^m\cos m\lambda+\eta_n'^m\sin m\lambda)P_n^m(\cos\theta).$$

Мусаелян 指出按照解答(5.6)式大地形所引起的大气压力的扰动随着高度按指数規律减弱，並且在緯圈方向上形成三个波。他的結論的第 1 点是很重要的，由於过去許多人求出小地形的扰动是按照正弦規律随高度而改变[128-132]，因此小地形所影响的垂直范圍很高，但大地形的影响却随着高度减弱得很快，比較 Мусаелян 所同时得到的小地形解答可以知道，造成这种现象的原因一方面是由於地形的尺度；另一方面是由於地球自轉在不同尺度的地形扰动中所起的作用。在小地形問題中地球自轉的作用較小，是可以忽略的。

Мусаелян 所得到的第 2 点結論，三个波也是符合实际的，但他沒有给出波的位置，所以还無法討論大地形和平均槽脊的位置关系。另外他虽然将大气当作斜压的，但他沒有考虑到作为大气斜压性上極端重要的一点——基本西風气流随高度的改变。在以后，村上[135]，朱抱眞[127]，巢紀平[136] 所作的地形扰动进一步考虑了这个特性，使得理論結果更与实况接近，这在下面还要談到。

§4. 大地形的有限振幅扰动理論

所有上面介紹的都是小扰动理論，以小扰动討論大地形的作用只能説第一近似。因此人們进一步以有限振幅的扰动理論研究地形作用。

Steward[137] 用正压無輻散的涡凌方程,討論均匀西風 U 流过無限高圓柱体所引起的有限振幅的扰动。

在流綫於圓柱南北对称的条件下,他得到在圓柱中心 $x=0$ 的北边是脊綫,南边是槽綫,往下游形成波动。但他所得到的解答不是唯一的,因此不能解释所观测到的高原下游平均槽的位置。

其次是岸保[138] 以有限振幅理论討論任意大地形在正压大气中的扰动,其方程为

$$\nabla^2 z+\frac{\beta}{U}z=-\frac{cf_0^2}{RT_0}\eta,\qquad(5\cdot8)$$

其中 c 也是 500 毫巴風速与 1,000 毫巴風速的比值。岸保的数值計算結果得到了当基本气流为 20 米·秒$^{-1}$时,西藏高原所生成的西風急流。

巢紀平[136] 在最近計算了考虑大气斜压性,三度空間的有限振幅的地形扰动。他由涡度方程和絕热方程消去垂直运动后,並在极地扰动为零的条件下,得到

$$\frac{f^2}{\sigma}\frac{\partial^2\phi'}{\partial p^2}+\nabla^2\phi'+\frac{2\Omega}{a^2\alpha}\phi'=0,\qquad(5\cdot9)$$

其中 ϕ' 为扰动位势高度,$\sigma=-\frac{1}{\rho}\frac{\partial\ln\theta}{\partial p}$,$\alpha$ 为基本气流的角速,∇^2 为球坐标的 Laplace 算子。(5·11)式的上界边界条件为 $p=0,\phi'=0$;下界边界条件为 $p=p_0(x,y)$,$w_0=\mathbf{V}\cdot\nabla\eta$,將后者引进絕热方程,得到

$$\frac{\partial\phi'}{\partial p}+\frac{\alpha_p}{\alpha}\phi'=\sigma\rho_0 g\eta(\theta,\lambda)\qquad\left(\alpha_p=\frac{\partial\alpha}{\partial p}設为常值\right).$$

將 ϕ' 和地形函数 $\eta(\theta,\lambda)$ 用球函数展开,在上述边界条件下 ϕ' 的解答为

$$\phi'(\theta,\lambda,p)=fp_0g\sqrt{\sigma}\sum_{n=1}^{\infty}\sum_{m=1}^{\infty}\frac{e^{-\frac{1}{2}(\xi-\xi_0)}[\psi_1(\xi_1)\psi_2(\xi)-\psi_2(\xi_1)\psi_1(\xi)]}{2k\Delta}\times$$

$$\times[\eta_n^m\cos m\lambda+\eta_n'^m\sin m\lambda]P_n^m(\cos\theta),\qquad(5\cdot10)$$

其中 $\xi=\frac{2k\sqrt{\sigma}}{f\alpha_p}\left[\alpha_0+\alpha_p\frac{f}{\sqrt{\sigma}}(p_0-p)\right]$,$k^2=\frac{n(n+1)}{a^2}$,$\eta_n^m$ 和 $\eta_n'^m$ 为地形按球函数展开后的系数,Δ 为 ψ_1 和 ψ_2 的函数,而 ψ_1 和 ψ_2 各为超几何方程 (Confluent hyperglometric equation):

$$\frac{d^2\psi}{d\xi^2}-\frac{d\psi}{d\xi}+\frac{r}{\xi}\psi=0\qquad\left(r=l/2k\alpha_p\frac{f}{\sqrt{\sigma}}\right)$$

的两个特解[139]。

巢紀平取 $\sqrt{\sigma}=0.128$ 米·毫巴$^{-1}$·秒$^{-1}$, $\alpha_0=0.63\times10^{-6}$ 秒$^{-1}$, $\alpha_p=0.68\times10^{-8}$/毫巴$^{-1}$·秒$^{-1}$。並根据(5·10)式繪出北半球 700 毫巴平均圖(圖 5·5),由圖中我們可以看出槽脊分佈和实况是非常接近的。但在槽脊的强度上表現了南边强北边弱,这是与实况不合的。同时由(5·10)式还看出槽脊的强度随高度减小,这和 Мусаелян 的結果一致,但我們知道西風帶平均槽脊的强度随高度而增大,因此單以地形作用不能完全解释。

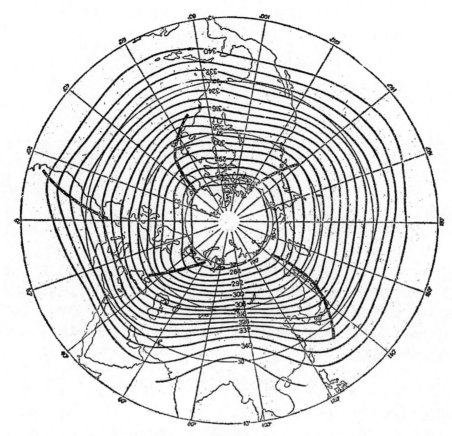

圖 5·5 西藏高原和洛磯山的共同扰动 ('1361' 700 毫巴高度, 冬季)

§5. 大地形的小扰动和有限振幅扰动理論的比較

將以上的小扰动理論和有限振幅的理論加以比較, 我們可以看到不僅在处理非綫性运动方程的方法有原則上的不同, 在边界条件中引進地形作用时也有不同。

我們知道当作为障碍物的地形存在於气流中时, 气流沿着山坡强迫上升, 这就是气流在爬上地形时所發生的作用, 另一方面气流在山脈的同一高度的地方还要繞着地形流过。也就是說当气流流过地形时, 同时發生爬过和繞过的作用。 在小扰动理論中的边界条件中只有 $u_0 \frac{\partial \eta}{\partial x}$ 發生作用, 这时显然地气流遇山则只有爬过。在有限振幅的理論中, 由於沒有綫性化, 除去 $u_0 \frac{\partial \eta}{\partial x}$ 外, 还有 $v_0 \frac{\partial \eta}{\partial y}$。因有 v_0 存在, 这时不能只看作气流爬过了。

然而有趣的是虽有这种不同, 但是將 (5·5) 和 (5·8) 式加以比較可以發現两种理論最后得到的待解方程的形式完全一致。又如在解 (5·9) 式时略去了 α 随高度的变化, 则得

$$\phi'(\theta,\lambda,p) = \frac{gP\sqrt{\sigma}}{RT} \sum_{n=0}^{\infty} \sum_{m=0}^{n} \frac{e^{D_n \frac{\sqrt{\sigma}}{f}(p_0+p)} - e^{D_n \frac{\sqrt{\sigma}}{f}(p_0-p)}}{D_n + \frac{f'}{\sqrt{\sigma}} \frac{\alpha_p}{\alpha} + \left(D_n - \frac{f}{\sqrt{\sigma}}\right) e^{2D_n \frac{\sqrt{\sigma}}{f} p_0}} \times$$

$$\times [\eta_n^m \cos m\lambda + \eta_n'^m \sin m\lambda] P_*^m(\cos\theta). \tag{5.11}$$

此时

$$D_n^2 = \frac{1}{a^2}\Big[n(n+1) - \frac{2(\alpha \mp \Omega)}{\alpha} \Big] > 0,$$

或

$$\phi'(\theta,\lambda,p) = -\frac{g}{f}\frac{\partial\ln\theta}{\partial p}\sum_{n=0}^{\infty}\sum_{m=0}^{n}\frac{\sin D_n \frac{\sqrt{\sigma}}{f}p}{D_n\cos D_n\frac{\sqrt{\sigma}}{f}p_0 - \frac{f}{\sqrt{\alpha}}\frac{\alpha_p}{\alpha}\sin D_n\frac{\sqrt{\sigma}}{f}p_0} \times$$

$$\times [\eta_n^m \cos m\lambda + \eta_n'^m \sin m\lambda] P_n^m(\cos\theta), \tag{5.12}$$

但这时

$$D_n^2 = \frac{1}{a^2}\Big[\frac{2(\alpha+\Omega)}{\alpha} - n(n+1) \Big] > 0.$$

若將(5·11)和(5·6)比較更为有趣,两种理论不但在小扰动和有限振幅上不同,卽基本假定上也有分別,但所得的解答形式极为相似。 在 (5·6) 式的分母中出現南北溫差的作用項,但在(5·11)式的分母中出現西風風速随高度的差異項(热成風作用項)。 这个比較是否可以告訴我們,用小扰动討論大地形的常定扰动,虽然从理論上講只是第一近似,但实际上却是很好的近似。

§ 6. 地形扰动的模型試驗

地形扰动对西風帶槽脊的形成不但在理論上已有上述的結果,並在实驗上也有許多工作。近几年来 Fultz 和 Long 作了一系列的关於迴轉半球中均匀流体碰到不同障碍物的实驗[63,140-142],結果証明了当相对西風速度和絕对西風速度的比值 (R) 达到一定的范圍时,卽有行星波尺度的槽脊出現。 圖 5·6 是 Fultz 和 Long[63] 的西風繞过圓柱障碍物的流綫示意圖。 我們注意到圖中的行星波尺度的槽脊,这种槽脊分佈和东亞的实况有許

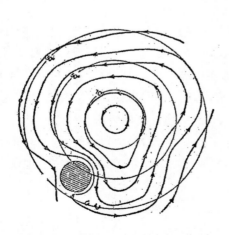

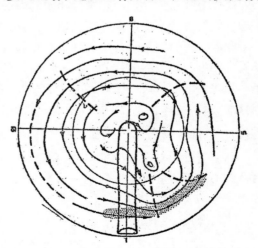

圖 5·6 西風流过圓柱障碍物时的流綫示意圖,圓的中心
为北極,並且略去了北緯 30° 以南的地区[63]

圖 5·7. 西風爬过緯距为 90° 的長形障碍物时
的流綫圖[142]

多相近之处. 根据 Long 的结果西風中的波数仅和 R 有关. 当 $R<0.07$ 时波数为四个以上;当 R 在 0.07 和 0.14 之間波数为三;当 R 在 0.14 和 0.20 之間波数为二;当 $R>0.20$ 波数为一. 这是和 Rossby[47] 的波数和西風速度的理論关系相符合的. Long[140] 还观察了障碍物圓柱体的大小厚度以及緯度位置的作用,值得提出的是直到圓柱体的厚度縮到流体厚度的 $1/4$ 时,行星波系还是非常清楚的.

圖 5·7 是 Fultz 和 Frenzen[142] 的西風爬过緯距为 90° 的長形障碍物流綫示意圖,障碍物的高度为流体厚度的一半. 在这里我們注意到行星波尺度的槽脊、山上的反气旋环流、下游的槽、以及第一个槽南的西風急流.

由这些模型試驗,我們看到大地形在平均槽脊的生成中是佔有很重要的位置.

§7. 大尺度地形和热源对西風帶的共同作用

以上所談的是地形的作用. 过去强調地形作用的人認为海陸分佈的热力差異在冬夏是相反的,但平均槽脊並沒有观測到那样大的变化. 而强調热力作用的人則認为平均槽脊在冬、夏仍有相当的变化,無法以地形解释. 兩派在过去有过爭論. 实际上地形和海陸的热力差異必然同时存在,單独强調任何一个作用,必然不会是全面的. 所以近年来人們逐渐趨向注意它們的共同作用,同时以地形和热力作用来解释平均槽脊.

顧震潮[17] 曾从环流年变化的分析来討論地形的作用和海陸分佈的热力作用对环流發展的影响,比較东亞大槽和北美大槽形成原因的異同. 后来在他和叶篤正[143] 关於西藏高原对於东亞大气环流的作用討論中,更强調地形和热力的相互作用.

朱抱眞[127] 在最近使用簡單的兩層斜压模式,进一步从理論上討論了地形和热源对西風帶的常定扰动. 取水平風速和渦度的分佈为

$$\mathbf{V}(x,y,p)=\overline{\mathbf{V}}(x,y)+A(p)\mathbf{V}_T(x,y), \qquad \zeta(x,y,p)=\overline{\zeta}(x,y)+A(p)\zeta_T(x,y),$$

而

$$A(p)=\frac{p_0+p_1-2p}{p_0-p_1},$$

其中 $p_0=1{,}000$ 毫巴, $p_1=200$ 毫巴. 对於垂直速度的分佈,我們取

$$\omega(x,y,p)=B(p)\overline{\omega}(x,y)+C(p)\omega_0(x,y),$$

而

$$B(p)=1-A(p)^2, \qquad C(p)=\frac{p-p_1}{p_0-p_1}.$$

並取下列边界条件:

$$当\ p=p_1\ 时, \qquad \omega=0,$$
$$当\ p=p_0\ 时, \qquad \frac{1}{\rho_0 g}\omega_0=w_0.$$

則由常定情况下的渦度方程和热量方程,我們得到

$$\overline{\mathbf{V}}\cdot\nabla(f+\overline{\zeta})+\frac{1}{3}\mathbf{V}_T\cdot\nabla\zeta_T=-\frac{f}{H}\mathbf{V}_0\cdot\nabla\eta, \tag{5·13}$$

$$\overline{\mathbf{V}}\cdot\nabla\zeta_T+\mathbf{V}_T\cdot\nabla(f+\overline{\zeta})=-Mg[C_1Q_m-\mathbf{V}\cdot\nabla h], \tag{5·14}$$

其中 $H=\dfrac{RT_0}{g}$，η 仍为地形函数，h 是厚度，Q_m 是 1,000—500 毫巴之間單位質量加热率的平均值，而

$$C_1=\frac{R}{gc_p}\ln\frac{p_0}{\bar{p}}, \qquad M=\frac{45^2}{p_0-p_1}\frac{1}{C_2RI_p}, \qquad U_2=\frac{1}{2}\frac{p_0+3p_1}{p_0-p_1}-\frac{4p_0p_1}{(p_0-p_1)^2}\ln\frac{2p_0}{p_0+p_1}.$$

假設緯圈基本气流为 $\bar{U}+A(p)U_T$，在它的上面加以小扰动，並取地轉近似，則得

$$\bar{U}\nabla^2 z+\beta z+\frac{U_T}{3}\nabla^2 h=-\frac{f^2}{gH}(\bar{U}-U_T)\eta, \tag{5.15}$$

$$\bar{U}\frac{\partial}{\partial x}\nabla^2 h+U_T\frac{\partial}{\partial x}\nabla^2 z+\bar{U}\left(\frac{\beta}{\bar{U}}-M\right)\frac{\partial h}{\partial x}+MU_T\frac{\partial z}{\partial x}=-MC_1Q_m, \tag{5.16}$$

將上列二式用於以 45° 緯圈为長度的平面上，並在这个面上的东西兩边和南北兩边成周期性循环，則 $z(x,y)$ 和 $h(x,y)$，$\eta(x,y)$ 和 $Q_m(x,y)$ 都是在 x 和 y 方向上以 2π 为周期的函数。以 45° 緯圈半徑为長度的單位，以 1 日为时間的單位，由傅里叶变换，500 毫巴高度的解答是

$$z(x,y)=\frac{f^2}{gH}\frac{3\bar{U}\cdot(\bar{U}-U_T)}{3\bar{U}^2-U_T^2}\int_0^{2\pi}\int_0^{2\pi}\eta(\alpha,\gamma)\Phi_0(x-\alpha,y-\gamma)d\alpha d\gamma+$$

$$+MC_1\frac{U_T}{3\bar{U}^2-U_T^2}\int_0^{2\pi}\int_0^{2\pi}Q_m(\alpha,\gamma)\Phi_h(x-\alpha,y-\gamma)d\alpha d\gamma, \tag{5.17}$$

其中 Φ_0 为地形的影响函数，而 Φ_h 为热源的影响函数，各以下列級数表示

$$\Phi_0(x,y)=\frac{1}{4\pi^2}\sum_{\lambda,k=-\infty}^{\infty}\frac{M-\frac{\beta}{\bar{U}}+(\lambda^2+k^2)}{(\lambda^2+k^2)^2+2M(\lambda^2+k^2)-\frac{3M}{2}\frac{\beta}{\bar{U}}}e^{i(\lambda x+ky)}, \tag{5.18}$$

$$\Phi_h(x,y)=\frac{1}{4\pi^2}\sum_{\lambda,k=-\infty}^{\infty}\frac{i(\lambda^2+k^2)}{\lambda\left[(\lambda^2+k^2)^2+2M(\lambda^2+k^2)-\frac{3M}{2}\frac{\beta}{\bar{U}}\right]}e^{i(\lambda x+ky)}. \tag{5.19}$$

由於方程已經綫性化，則当 $Q_m=0$ 时，可以求得地形扰动，当 $\eta=0$ 时，可以求得热源扰动；当 $Q_m\neq0$，$\eta\neq0$ 时則可求得热源与地形的共同扰动。

在冬季，我們取 $\bar{U}=15$ 米·秒$^{-1}$，$U_T=13$ 米·秒$^{-1}$，利用数值积分的方法分別求出地

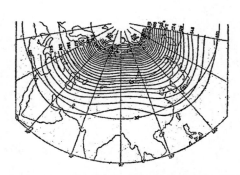

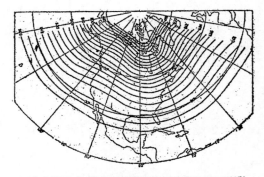

圖 5.8(a)　西藏高原及亞洲山系的常定扰动[127]
　　　　　（500 毫巴高度，冬季）

圖 5.8(b)　洛磯山与格陵蘭山系的常定扰动[127]
　　　　　（500 毫巴高度，冬季）

形扰动（見圖5·1）、扰动热源（見圖5·2）、热源和地形的共同扰动（圖5·8—5·10）。由这些圖可以看到下列的重要事实：

（1）当只有地形扰动时，由於西風过山的强迫上升使得高原的下游形成一个低槽，而在高原上形成一个脊。 西藏高原对亞洲平均槽脊的生成是重要的，洛磯山对北美平均槽脊的形成也起了一定的作用，再加上格陵蘭高地使得地形扰动的槽脊更接近了实況。 把現在所算得結果和过去人們所算的正压模式比較，可以知道考虑了大气的斜压性后所得的理論結果要較好些。但西風越过山脈的理論並未得到西風急流。同时無論在东亞或北美，和实況比，槽的强度在高緯太小，在低緯則太大。

（2）当只有热源扰动时，大尺度热源通过动力过程对西風帶的扰动比地形的扰动还要大。在热源（参考圖5·2）的西边有低槽形成，在热匯的西边有高脊生成。槽的位置和实況接近，而脊的位置則与实況相差較远。 我們还注意到在热源的西南方同时有西風急流形成。

这里还要着重指出的是热源所發生的作用是通过流体动力学的过程来完成的，它和一般所理解的以热力的直接作用来解釋平均槽脊[110,115]是不相同的。

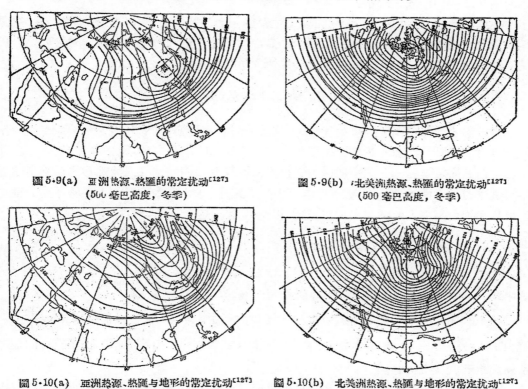

圖5·9(a) 亞洲热源、热匯的常定扰动[127]
（500毫巴高度，冬季）

圖5·9(b) 北美洲热源、热匯的常定扰动[127]
（500毫巴高度，冬季）

圖5·10(a) 亞洲热源、热匯与地形的常定扰动[127]
（500毫巴高度，冬季）

圖5·10(b) 北美洲热源、热匯与地形的常定扰动[127]
（500毫巴高度，冬季）

（3）考虑热源和地形的共同扰动后所得的流場，尤其在槽的强度南北分佈上和实況更为接近。它要比任何單独考虑地形或热源作用的扰动都更能解釋观測事实。

从以上这些理論，我們認为必須从辩证的观点来理解地形和热源对西風帶平均槽脊以及大气活动中心形成的关系。 作为巨大障碍物的地形对西風帶可以發生机械扰动，在常定的情况下产生一定的流型；与此同时，只要地形扰动一經形成就对大气的热源、热匯的分佈發生影响，而热源、热匯又通过大气的动力过程轉过来影响西風帶和大气环流的狀态。 当西風帶的狀态改变后，旣是地理位置上固定的地形也会因气流狀态的不同而發生不同的作用，它倒回来又影响气流本身。 因此地形作用，冷热源分佈及其效应，和气流本身是相互依頼相互影响的統一体。 在这里我們很难指出那个作用是首先的，那个作用是要特别强調的。 西風帶平均槽脊的形成必然要从它們的共同的不可分的作用来討論，因此对这个問題还有必要从非綫性的理論模式进一步討論。

在这个問題中虽然海陆分佈的下垫面狀态和地形是作用於大气环流的外在因子，但是海陆分佈的热力作用要通过大气环流的狀态才能具体地表現出来。我們無法脫离大气环流平均狀态来了解海陆分佈的平均的热力效应（也就是說上述的热源分佈在很大的程度上决定於大气环流本身），但这样並不等於我們不能将海陆分佈的热力性質和地形当作第一性的因素，将大气环流作为从屬的現象，它們的因果关系是分明的。然而对於現实的大气环流狀态的形成原因就不那样简單，必須从大气环流的各种內部現象和外界因子作用的內在統一的观点来理解。

在这里我們还可以看到，大气的动力过程是一个很重要的环节，它把地形作用、热源作用以及大气环流狀态有机地联系起来。然而它們中間是如何地通过怎样的物理过程在調节着，我們知道得很少，这是需要进一步研究清楚的問題。

§8. 地面摩擦的作用

当地形或热源对西風帶發生扰动时，扰动的形式和傳播必然同时要受地面摩擦的作用，后者可使地形、热源的扰动流型發生一定程度的影响。 当 $U=15$ 米·秒$^{-1}$ 时，一个空气質点要經三周才繞完 45° 整个緯圈，在这样长的时間中，固定地区上的地形扰动必定随着空气質点的繞行而减衰。 把摩擦層作为一个边界層，求出在摩擦層的上界所产生的垂直速度是和这个高度上的扰动涡度成正比，以 $z=0$ 作为这个高度，則[64]

$$w(x,y,0)=\frac{HF}{f}\zeta(x,y,0), \qquad F=\frac{\sin 2\alpha}{H}\left(\frac{\varkappa f}{2}\right)^{\frac{1}{2}}, \qquad (5\cdot20)$$

其中 $H=\frac{RT_0}{g}$，α 是地面風与等压綫所成的角度，$\varkappa$ 是涡动扩散率。

将上列的摩擦所引起的垂直速度代入涡度方程中，則 (5·5) 式左端多出了 $\sigma\frac{\partial^2 z}{\partial x^2}$ 一項，而 $\sigma=\frac{\varkappa F}{U}$. 当 $\varkappa=40$ 米^2·秒$^{-1}$. $\sigma=0.50$ 时，他們将原来与观測事实很不符合的地形扰动調整到和实况极相接近。

Smagorinsky 在討論热源扰动时也同样地以 (5·20) 式由边界条件引进地面摩擦作用，结果槽脊位置及其随高度的变化都有显著的改变。当無摩擦时，槽脊的位置随高度沒有变化，有了摩擦后槽脊的位置得到了应有的随高度的傾斜。Мхитарян[144] 也曾将近地面摩擦力引进 Блинова 的計算压强場分佈的問題中，但未給出数值計算的结果。

我們可以用下列简便方法，对摩擦作用予以估計：假定运动是 1 度的，摩擦作用和涡度强度成比例，由涡度方程可得

$$\frac{\partial^2 v}{\partial t\, \partial x} + U\frac{\partial^2 v}{\partial x^2} + k\,\frac{\partial v}{\partial x} + \beta v = 0,$$

其中 k 是摩擦系数. 需要满足的条件是

$$当\ t=0\ 时,\qquad v=0,$$

$$当\ x=0\ 时,\qquad v=0,\quad \frac{\partial v}{\partial x}=C_0,$$

$$当\ x=\infty\ 时,\qquad v=0.$$

使用 Laplace 变换, 我們可以得到当在 $x<Ut$ 的区界內, 而 t 相当長, 卽趋於常定狀态时, v 的解答是

$$v=-\frac{C_0}{\sqrt{\dfrac{\beta}{U}-\dfrac{k^2}{4U^2}}}\,e^{-\frac{k}{2U}x}\sin\sqrt{\frac{\beta}{U}-\frac{k^2}{4U^2}}\,x,$$

这就是說当有任何扰动时, 摩擦作用可以發生两个作用: 第 1, 使得常定波的波長增加, 但改变量很小; 第 2, 使得波的振幅随着与扰源距离的增加而很快地减弱. 当 $k=10^{-6}$ 秒$^{-1}$, $U=10$ 米·秒$^{-1}$时, 则距扰源两倍波長处的扰动已經快减小了一半 (这些结果和 Haurwitz[155] 过去所得的一样).

　　摩擦的另外一个作用是可以避免运动的共振现象, 当不考虑摩擦时, 上述的地形和热源的扰动理論中都存在着共振的可能性 (例如在(5·6), (5·10) 以及 (5·19) 等式中理論上都有分母为 0 的可能性). 通过共振会引起运动的显著的改变, 但是如果引进摩擦作用, 则可避免解答的这种敏銳度(Sensitivity).

　　摩擦是有如此重要的作用, 但是摩擦作用的大小到现在还沒能确切地知道, 採取不同的摩擦系数, 会将结果調整到不同的結論, 这一点也是值得注意的問題.

第六章　平均溫度場的形成理論

平均溫度場的基本狀态很早就從觀測上肯定下来．为什么平均溫度場在垂直方向上和水平方向上有着那样的分佈，为什么在对流層中在垂直方向上有着近似常数的减温率，为什么在对流頂处忽然有一个急驟的变化；而在平流層中温度的水平梯度反指向赤道，同时在垂直方向上温度近似地保持不变．气象学上对於这些問題很早就注意了，然而到目前为止这些問題並未得到完全的解决．

这个問題的解决不但对气候形成問題有莫大的作用，並且由第三、四章中的討論我們还知道它对長期的天气过程的解决也有啓發性的帮助，因为以地球半径为尺度的运动場的运动狀态基本上决定於热力作用，因此我們在求解流場的長期变化时，有可能近似地先比較确切地求解温度場再进一步求解流場．

平均溫度場的形成是受下列因子决定的：(1)太陽輻射能的緯度分佈，太陽及大气、地球之間的輻射能量轉换的过程，其中包括大气的長波輻射冷却、散射和短波吸热、地面的反照和長波輻射等等．(2)通过湍流作用大气热量在水平方向上和垂直方向上的重新分配．(3)由於水汽的凝結和蒸發等过程所造成的潛热变换．(4)冷、暖平流和垂直运动所引起的热量交换．

由此可知控制大气平均溫度場的形成因子是如何的复杂，要想圆滿地解釋温度場的形成必須同时考虑这些因子的作用，这是很艰难的理論問題，然而人們正在逐步地考虑这些因子来討論这个問題．

首先是只考虑太陽的輻射作用，在 20 世紀初，Gold，Humphreys，Emden 等即只由輻射平衡討論温度随高度的变化．Milankovitch[145] 在 1930 年假設大气是静止的，地表面是均匀的情况下，计算了長、短波輻射相平衡时的各緯度上的年平均溫度分佈．現將他所算得的结果和实际的各緯圈年平均温度(根据文献[57])列成表 6·1．

表 6·1

緯度	0	10	20	30	40	50	60	70	80	90
輻射平衡温度	32.8	31.6	28.2	22.1	13.7	2.6	−10.9	−24.1	−32.0	−34.8
实际温度	25.4	26.0	25.0	20.4	14.0	5.4	−0.6	−10.4	−17.2	−19

从上表可以看出，这时北緯 40° 以南輻射平衡温度比实际温度偏高，以北偏低．这是由於没有考虑大气运动，因此南北方的热量不能得到交换的原故．但是只有輻射平衡的作用已經造成了和实况一致的从赤道指向极地的温度水平梯度．

1950 年 Defant[146] 从理論上討論了对流層經向温度的分佈問題，他用湍流傳热理論引进垂直的和水平的大型交换系数，並由年降水量考虑了水汽凝結的作用．並假定平均地面温度的分佈是已知的(由地面的輻射平衡造成)，他得到垂直温度梯度<1°C/100米．1953 年 Hess 等[147] 也曾从太陽輻射过程和热量的南北交换计算了近地面層平均溫度的分佈．

§ 1. 輻射和湍流对温度場形成的作用

上述的这些学者所作的温度場形成的理論計算,虽然也考虑了重要的輻射作用,但不是从最原始的描写大气輻射过程的方程出發的。 苏联学者 Кибель[148] 在 1943 年就开始建立了極严格的温度分佈理論,以后其他的人在 Кибель 工作的基礎上繼續不斷地改进,將这个問題逐步地引向更精确化的途徑。我們在下面將把苏联学者这方面的工作予以較詳細的介紹。

大气热流量方程,应取下列形式

$$c_p\rho\frac{dT}{at} - \frac{c_p-c_v}{R}\frac{dp}{dt} = \varepsilon_1 + \varepsilon_2 + \varepsilon_3, \qquad (6\cdot1)$$

其中 ε_1 是由輻射所引起的热流量,ε_2 是由湍流傳热所引起的热流量,ε_3 是由凝結或蒸發所引起的热流量.

把方向向下的短波輻射通量用 S 表示;把方向向下(上)的長波輻射通量用 A (B) 表示,这时

$$\varepsilon_1 = \alpha\rho_w(A+B) + \alpha'\rho_w S - 2\alpha\rho_w E, \qquad (6\cdot2)$$

其中 α 和 α' 各为对於長波和短波的灰体輻射的吸收系数;ρ_w 是吸收輻射物質(主要的是水汽)的密度;$E = f\sigma T^4$,σ 为 Stefan-Boltzmann 常数,f 是根据 Hulbert 所引进的选择吸收乘数.

ε_2 則具有下列形式

$$\varepsilon_2 = \frac{\partial}{\partial x}\left(\lambda''\frac{\partial T}{\partial x}\right) + \frac{\partial}{\partial y}\left(\lambda''\frac{\partial T}{\partial y}\right) + \frac{\partial}{\partial z}\left(\lambda'\frac{\partial T}{\partial z}\right), \qquad (6\cdot3)$$

其中 λ' 和 λ'' 是垂直和水平方向的湍流傳热系数. 对於 A, B, S,我們有下列輻射能傳送方程:

$$\frac{\partial A}{\partial z} = \alpha\rho_w(A-E), \qquad (6\cdot4)$$

$$\frac{\partial B}{\partial z} = \alpha\rho_w(E-B), \qquad (6\cdot5)$$

$$\frac{\partial S}{\partial z} = \alpha'\rho_w S. \qquad (6\cdot6)$$

边界条件是:

(1)在大气上界当 $z=\infty$ 时,

(i) 指向地球的長波輻射为零,卽

$$A = 0. \qquad (6\cdot7)$$

(ii) 只有太陽的短波輻射,並且其中一部分由於云塊、空气分子、地球表面的反射,轉回到宇宙太空去,卽

$$S = [1-\Gamma(x,y)]w(y) = W(x,y), \qquad (6\cdot8)$$

其中 Γ 为地球和大气的总反照率,w 是在大气上界單位时間中單位面积上所得到的太陽輻射能.

(iii)在平流層上層温度为常数,並且大气失去多少能量就必然得到多少能量,卽

$$\frac{\partial T}{\partial x}=\frac{\partial T}{\partial y}=0, \tag{6.9}$$

$$\iint_S B ds=\iint_S W ds \tag{6.10}$$

(2) 在地面上，当 $z=0$ 时，取热量平衡及辐射通量的连续性为条件，即

$$-\lambda'\frac{\partial T}{\partial z}+\lambda^*\frac{\partial T^*}{\partial z}=A+S-B, \tag{6.11}$$

$$B=qE=qf\sigma T^4, \tag{6.12}$$

其中 T^* 是地温，λ^* 是下垫面的传热系数，q 是引进的系数，表示地球并非像绝对黑体一样的辐射，$qf\approx1$。

边界条件(6.11)的引进，多出了一个新的变数 T^*，它满足热传导方程，

$$c^*\rho^*\frac{\partial T^*}{\partial t}=\lambda^*\frac{\partial^2 T^*}{\partial z^2}, \tag{6.13}$$

其中 ρ^* 和 c^* 是下垫面的密度和比热，用边界条件和 T 连结起来，即

当 $z=0$ 时，　　　　$T^*=T$，

当 $z=-\infty$ 时，　　$T^*=$ 有限值。

在以上的边界条件下，并不能由方程(6.1)—(6.6)决定温度 T，只有加上运动方程、连续方程和状态方程才是足够的。 Кибель 等只是解决了一些简化情况下的问题。

Кибель 首先是只考虑辐射与垂直湍流交换的作用，并设平均速度等于零，气压与时间无关，再解常定问题。得到了温度的垂直分佈的解答。Блинова[149] 则又考虑了水平湍流交换，而求出不同地点的地球大气温度的年平均分佈。

为了方便起见，不求 T 而求 E，设 $A+B=a$，$B-A=y$，并引用光学厚度 x 代替高度 z，

$$x=\frac{1}{\tau_0}\int_z^\infty \alpha\rho_w dz, \quad 而 \quad \tau_0=\int_0^\infty \alpha\rho_w dz. \tag{6.14}$$

Блинова 改用球坐标，由(6.1)—(6.6)使用上列符号得到对 E 的方程

$$\frac{2}{m^2-1}\frac{\partial^4 E}{\partial x^4}-\frac{2m^2\tau_0^2}{m^2-1}\frac{\partial^2 E}{\partial x^2}+\frac{M\tau_0^2}{\sin\theta}\left[\frac{\partial^3}{\partial x^2\partial\theta}\left(\sin\theta\frac{\partial E}{\partial\theta}\right)+\frac{\partial^3}{\partial x^2\partial\lambda}\left(\frac{1}{\sin\theta}\frac{\partial E}{\partial\lambda}\right)-\right.$$
$$\left.-\tau_0^2\frac{\partial}{\partial\theta}\left(\sin\theta\frac{\partial E}{\partial\theta}\right)-\tau_0^2\frac{\partial}{\partial\lambda}\left(\frac{1}{\sin\theta}\frac{\partial E}{\partial\lambda}\right)\right]=\beta(1-\beta^2)\tau_0^4 e^{-\tau_0\beta x}W, \tag{6.15}$$

其中 $\beta=\dfrac{\alpha'}{\alpha}$，$\theta$ 是余纬度，而

$$\frac{2}{m^2-1}=\frac{\lambda'\alpha\rho_w}{4f\sigma T^3}, \qquad M=\frac{\lambda''}{4f\sigma T^3 a^2\alpha\rho_w} \tag{6.16}$$

都作为常数，其中 a 是地球半径。在方程(6.15)右端中，函数 $W(\theta,\lambda)$ 由(6.8)决定，可以按球函数展开为级数

$$W(\theta,\lambda)=\sum_{n=0}^\infty\left[W_n^0 P_n(\cos\theta)+\sum_{h=0}^n(W_n^h\cos h\lambda+W'^h_n\sin h\lambda)P_n^h(\cos\theta)\right],$$

同樣把要求的解答 E 也展成球函數

$$E(\theta;\lambda,x)=\sum_{n=0}^{\infty}\left[E_n^0(x)P_n(\cos\theta)+\sum_{h=1}^{n}\{E_n^h(x)\cos h\lambda+E_n^{'h}(x)\sin h\lambda\}P_n^h(\cos\theta)\right].$$

如此由 (6·15) 得到对於 E_n^h 和 $E_n^{'h}$ 的 4 級常微分方程:

$$\frac{2}{m^2-1}\frac{d^4E_n^h}{dx^4}-\tau_0^2\left[\frac{2m^2}{m^2-1}+Mn(n+1)\right]\frac{d^2E_n^h}{dx^2}+M\tau_0^4n(n+1)E_n^h=\beta(1-\beta^2)\tau_0^4e^{-\tau_0\beta x}W_n^h$$

$$(n=0,1,2,\cdots;\qquad h=0,1,2,\cdots),\tag{6·17}$$

上列方程在边界条件 (6·8)—(6·12) 下可以求出全部 E_n^h (除去 E_0^0, Блинова 認为計算年平均溫度分佈时,在边界条件 (6·11) 中可以略去 T^* 項). E_0^0 则由条件 (6·10) 决定,它滿足方程

$$\frac{2}{m^2-1}\frac{d^4E_0^0}{dx^4}-\frac{2m^2\tau_0^2}{m^2-1}\frac{d^2E_0^0}{dx^2}=$$

$$=\beta(1-\beta^2)\tau_0^4e^{-\tau_0\beta x}W_0^0.\tag{6·18}$$

如此可以确定 E 的級数,然后由 $E=f\sigma T^4$ 决定溫度 T 的分佈. Блинова 將 λ',λ'' 和 ρ_w 都取为常数,計算了緯圈溫度随高度和緯度的年平均的分佈,根据她的計算結果,我們繪制了圖 6·1. 將它和圖 1·23 比較可以看到在对流層中理論計算的溫度梯度(水平的和垂直的)都与实况极为接近,但在近地面層中緯度地区的逆溫現象是实測上所看不到的,在低緯度区对流層的上部,理論結果和实际观測有些差别,对流頂的出現和实况也相接近,但平流層下層中理論結果和实况相差較多.

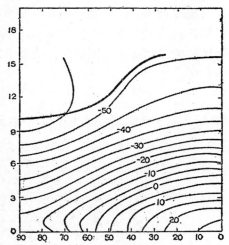

圖 6·1 根据 Блинова[149] 理論計算結果所繪制的平均溫度分佈圖(單位 °C,縱軸表示高度(公里),横軸表示緯度)

§2. 海陆热力特性对温度場形成的影响

Курбаткин[150] 最近在上述工作基础上进一步討論温度的年变化問題,他也不考慮由於蒸發和凝結所造成的热量通量、垂直气流和經向气流所引起的热量傳遞而造成的气温变化,於是 (6·1) 写作

$$c_p\rho\left(\frac{\partial T}{\partial t}+\frac{V_\lambda}{a\sin\theta}\frac{\partial T}{\partial\lambda}\right)=\alpha\rho_w(A+B+\beta S-2E)+\frac{\partial}{\partial z}\left(\lambda'\frac{\partial T}{\partial z}\right)+\frac{\lambda''}{a^2}\Delta T,\tag{6·19}$$

其中符号意义和上面一样, Δ 是平面的 Laplace 算子.

引进無因次时間 $s=\Omega t$ (Ω 为地球轉动的角速度)代换 t,取 V_λ 为平均層上的值

$$V_\lambda=\alpha a\sin\theta,$$

其中 α 是环流指数. 於是得到和 (6·15) 相似的对 E 的偏微分方程

$$\frac{2}{m^2-1}\frac{\partial^4E}{\partial x^4}-\frac{2m^2\tau_0^2}{m^2-1}\frac{\partial^2E}{\partial x^2}+M\tau_0^2\left(\frac{\partial^2}{\partial x^2}\Delta E-\tau_0^2\Delta E\right)-$$

$$-\tau_0^2N\left(\frac{\partial^2}{\partial x^2}-\tau_0^2\right)\left(\frac{\partial E}{\partial s}+\frac{\alpha}{\Omega}\frac{\partial E}{\partial\lambda}\right)=\beta(1-\beta^2)\tau_0^4e^{-\beta\tau_0 x}W.\tag{6·20}$$

若無緯圈流速和温度隨时間的变化,則上式可归於(6·15).

现在是把太气过程当作緯向环流的非緯向扰动,他將所有的气象要素都分为緯向部分和非緯向的偏差之和,例如

$$E(\theta,\lambda,x,s) = E^{зо}(\theta,x,s) + E^{нзо}(\theta,\lambda,x,s),$$

等等. 如此代入方程(6·19)和边界条件 (6·7)—(6·12) 式中分別得到只包括 $E^{зо}$ 或 $E^{нзо}$ 的方程及边界条件然后分別求解.

在 Блинова 的工作中是討論温度年平均分佈,所以她略去了边界条件 (6·11) 中的 $\lambda^* \dfrac{\partial T^*}{\partial z}$ 項. 如果討論年变化問題就不能略去不計, Курбаткин 認为从土壤中来的热流量对气象要素的年变化起着重要的影响,而下垫面热力屬性的不均匀性,在年变化过程中可使气象要素場的緯向性大大变形,所以他把 λ^* 作为可变的系数来处理 $\lambda^* = \lambda^*(\theta,\lambda)$,这样就使問題的解答更为复杂化. 他在求解对 $E^{зо}$ 和 $E^{нзо}$ 的方程时,先設

$$Q' = \left(\lambda^* \frac{\partial T^*}{\partial z}\right)_{z=0} \tag{6·21}$$

为已知的,然后再由方程(6·13)求解它. 这样他避免了按球函数展开的級数的緩慢收斂性.

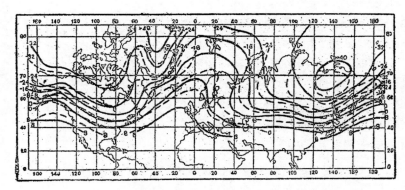

圖 6·2　1 月海面平均温度場的实況(实綫)和理論計算值(虛綫)[150]

在解答的数值計算中, Курбаткин 認为在大尺度問題中只要考虑海洋和大陆間的热力差異性就足够了,因此他設

在海洋上,　　$\Delta(\theta,\lambda) = \sqrt{c^* \rho^* \lambda^*} = 0.03\ \text{C.G.S},$

在大陆上,　　$\Delta(\theta,\lambda) = \sqrt{c^* \rho^* \lambda^*} \approx 0$

他計算了 1 月的海面温度場(圖 6·2 中的虛綫),结果和实际的温度場 (圖 6·2 中的实綫) 相当一致,特別是在海岸綫外等温綫密集和急剧弯曲的现象充分地从理論上得到了. 从这一点也可看到海洋和大陆的热力特性,对海面温度場的形成發生了如何重要的作用.

以上我們介紹了苏联气象学者关于地球大气温度場形成的理論,在这些理論中成績卓越的是他們建立了極其严格的考虑輻射的方法. 我們知道輻射作用对於大气环流的理論或者長期天气預报都是不能忽視的因子,但是如何把它引进流体热力学方程組中是一个很复杂的問題, Кибель 已經很巧妙地开創了这条途徑.

§3. 水汽凝結和动力因素的影响

上述理論虽然得到相当良好的結果，但在这些工作中都沒有考慮到水汽凝結的作用，Ракипова 在 1952—1953 年曾發表兩篇关於决定地球大气緯圈年平均温度分佈的問題，除了輻射和湍流的作用外，她还考慮了与蒸發和凝結有关的热通量、大气中的水汽分佈、反射率与緯度間的关系，但由於作者目前沒有看到第二篇文献[151]，所以無法在这里予以評述。

这里我們只想指出水汽凝結释热的重要性，这只要比較一下(6·1)式右端三項的符号和数量就可以知道了。圖 6·3 是 Берлянд[100] 所作的大汽热量平衡中的三个分量(輻射、湍流、凝結)年平均值的分佈，可以看到凝結和湍流都是經常將热量加給大气，相反地輻射則使得大气經常失去热量，三項的数量以湍流最小，凝結和輻射的数量相差不多。在中高緯度凝結加热約为 40—50 大卡·厘米$^{-2}$·年$^{-1}$，輻射失热約为 70 大卡·厘米$^{-2}$·年$^{-1}$，后者大於前者；在低緯度則相反，凝結加热大於輻射失热，前者約为 80 大卡·厘米$^{-2}$·年$^{-1}$，而后者約为 60 大卡·厘米$^{-2}$·年$^{-1}$，因此凝結作用和輻射作用大小相似，方向相反。因此在討論温度場的形成时，略去凝結而只考慮輻射和湍流，显然是有問題存在的。

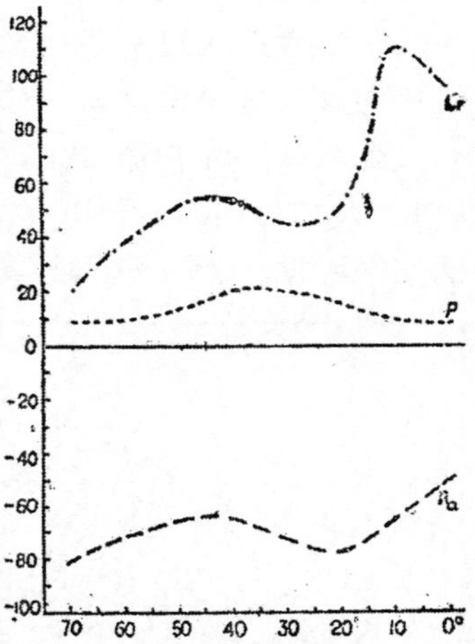

圖 6·3 北半球大气热量得失年平均值随緯度的变化(縱軸單位为大卡·厘米$^{-2}$·年$^{-1}$)，L_r 表示凝結热，P 表示湍流加热，R_a 表示大气的輻射平衡[100]

另一个問題是从 Кибель, Блинова 以至最近 Курбаткин 的工作还只是一些簡化情况的計算，他們沒有考慮到动力因素对温度場形成的相互制約的影响*)，也就是由冷、暖平流和垂直气流所引起的大規模的热量交換。正像我們不止一次强調的温度場和气流場是相互調整的，必須加上这个重要的因素才能完整地解决温度場形成的問題。

作为动力因素作用的例子，我們可以注意一下地形对平均温度場形成的作用[152]。因为温度場和气流場是相互制約的，因此大地形一方面对气流場發生变形，它和原来温度場的平流作用以及垂直运动再使温度場發生变形，而变形的流場和温度場按照大气的动力过程互相調整，达到常定狀态。在(5·18)式中，取 $Q_m=0$，可以解出 1,000—500 毫巴厚度場扰动 h，数値計算的結果告訴我們地形所引起的 1,000—500 毫巴平均温度場的温度槽、脊的位置和实况接近，这也就說明了动力因素的重要性。

---

*) Курбаткин 在热流量方程中保留了 $\frac{V_\lambda}{a\sin\theta}\frac{\partial T}{\partial\lambda}$，但是把 V_λ 作为已知的，因此仅是考慮了部分的風場对温度場的作用，而沒有考慮兩者相互制約的作用。

第七章 長波和長波的不穩定

在前面已經指出平均环流並非純粹緯圈方向的，而是以海陆分佈在緯圈方向的不均匀性所引起的永久性扰动，形成了在固定地区出現的平均槽脊和大气活动中心。這些平均的常定性系统正是各种移动性波动叠加在緯圈环流上长时期的平均结果。這些波动和气旋与反气旋等就是前一章所謂的扰动。

在这些各种各样的波动中有两种性質显明的波动是最主要的。一种是短波，波長比較短，大約为 1,000 公里，这种波动常常和鋒面相联系着，它們的結構是暖槽冷脊型，屬於低空的現象。另一种則是高空的長波，波長 5,000 公里左右，它們的結構是暖脊冷槽型，因此它的强度向上增加，到对流頂最为显著。这两种波动並非完全独立的，Palmén[153] 曾給出这两种波动的示意圖（圖 7·1），由圖上可以看到有四个長波，每个長波槽前有一族地面气旋，后者沿着長波槽前的气流向东移动，然而这两种波动在动力学上的联系到现在还不是清楚的。

应該着重指出，長波的發現在大气环流問題和天气預告問題上的重要性，長波一方面成为一个紐帶，將小規模的天气系统和整个大气环流联結起来，另一方面它能將大尺度运动的显明特色以及大气环流型式的巨变清晰地表現出来。因此使我們能从复杂的大气現象中掌握到主要的环节，从而能对复杂的大气运动建立一个簡單的理論模式，来研究大气动力学的本質。所以它不但成为近代大气环流理論上的一个重要工具，也是近代天气預报数值方法的基础

長波的發生和發展是环流型式週期性改变和指数循环中的重要环节，这也是中期天气变化的一个重要过程，而人們將这种环流型式大改变的动力原因归之於長波的不穩定。所以在这一章中我們將对長波的傳播予以簡單的說明，而对它的不穩定現象予以着重的討論。

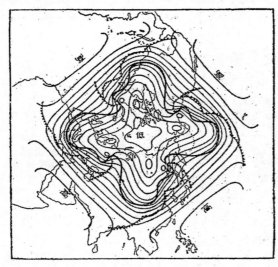

圖 7·1　500 毫巴等压面上的長波（細線）和海面上的鋒面波（粗線）

§1. 長波的移动

1939 年 Rossby[47] 注意到地球自轉参变数随緯度的变化对於大尺度运动的重要性，創立了行星性的長波理論。他从正压無輻散的模式，由渦度方程得到著名的長波移动公式：

$$c = U - \frac{\beta L^2}{4\pi^2} \equiv U - U_c, \tag{7·1}$$

其中 c 是波速，U 是基本气流，L 为波長，$\beta = \dfrac{df}{dy} = \dfrac{2\omega\cos\varphi}{a}$，而 a 是地球半徑，Bjerknes 和 Holmboe[154] 把 U_c 称为"临界速度"。

上列公式指出波的移动速度随波長的增加而减小，对於波長相当長的波动，它可能是靜止的甚至是倒退的。这个 (7·1) 式很是重要。由此可以用不同的西風風速定出常定波的波長，对半永久性的大气活动中心的个数和位置等給了一个解释。

这个公式是在無辐散的假定下求出的，但是考虑了辐散作用后，相差仍不过 10% 而已。1940 年 Haurwitz[155] 曾考虑了波动的南北寬度和摩擦作用，但结果改变也很小。

在求 (7·1) 式时，Rossby 假定緯圈气流是常数，而实际上它有着强烈的水平切变和垂直切变。由於 Rossby 假定运动是正压的，各高度上的运动相同，因此 (7·1) 式显然地只代表实际的斜压大气的平均層上的运动。Charney[139] 在以后証明了这一点，他考虑到作为大气斜压性的西風垂直切变后，得到

$$\int_{p_0}^{0} (U - c - U_c) V dp = -\frac{f^2 L^2 c}{4\pi^2} \rho_0 V_0, \tag{7·2}$$

其中 V 是扰动气流的振幅，是 p 的函数，角碼 0 代表地面值。上式右端的量級要比左端小一級以上，可以略去。若大气是正压的，则上式将与 (7·1) 完全一致。

Charney 設 $|V|$＝常数，以 U^* 代表整个大气对 p 平均的西風風速，h 为某一高度，在此高度上 $U = U^*$，则

$$c = -\frac{1}{p_0} \int_{p_0}^{0} U(p) dp - U_c = U^* - U_c = U(h) - U_c. \tag{7·3}$$

所以 Rossby 波动公式正适用於具有对 p 平均的西風風速的高度上，根据实际观测，相当 500—600 毫巴，也正接近辐散最小的高度。

郭曉嵐[156] 在討論正压大气不稳定現象时，曾将 Rossby 公式引伸到基本气流具有水平切变的正压大气中；对於中性波 $(c < U_{\min})$，他得到

$$c = \frac{\Psi'(0) U_{\min}}{\Psi'(0) + \alpha^2 \gamma} + \frac{\overline{U} - \beta/\alpha^2}{1 + \Psi'(0)/\alpha^2 \gamma}, \tag{7·4}$$

其中 $\Psi(y)$ 为扰动流函数的振幅，$U_{\min}$ 为具有寬度 $2b$ 的西風帶中最小的西風，$\gamma = \int_0^b \Psi dy$，撇号代表 y 的微商，$\overline{U}$ 是按照下列定义的平均西風

$$\overline{U} = \gamma^{-1} \int_0^b U \Psi dy. \tag{7·5}$$

当 U＝常数，Ψ 和 y 無关时，则 (7·4) 化成 (7·1) 式。因此可以知道 Rossby 波动是移动緩慢或后退的長波，它的波速小於 $U_{\min}$。

§2. 長波能量的傳播

从上节可以看到大气長波的波速是波長的函数，因此大气成为色散媒質（Dispersive

medium)，这种现象不仅在大气中如此，海洋上也有类似现象． 1927年Sverdrup[157]就証明了海洋中有色散波的存在，1945年Rossby[158]强調了大气中的色散过程的重要，以后叶篤正[159]更深入地討論了大气的色散过程．

　　色散过程的重要在於色散波的羣速． 能量是随羣速而不是随風速或波速傳播的． 羣速为一羣波动前进的速度，組成这个波羣的个別波可以穿过这个波羣前进，而它在这个波羣中的位置被另一个波所代替． 羣速c_g，波速c和波長L有下列关系：

$$c_g = c - L \frac{dc}{dL}.\qquad(7\cdot6)$$

在上节已經看到在不同的大气模式中c和L的函数关系並不一样，所以各种不同的大气模式的羣速也不相同，例如对於正压无輻散的大气，羣速永为正値，並且大於波速，这种能量的傳播使得新波在原有波动的下游生成． 当考虑了輻散的作用后则羣速可以为負，这时能量可以向上游傳播． 色散现象的重要性卽在於它能对上、下游长波的关系予以一种合理的解釋，Carlin[160]曾以实际資料进行了关於色散现象的个案分析，他計算的结果与实况很为接近．

　　由於能量是随羣速傳播的，所以一点点源扰动的影响范圍限於$x = $（最大$c_g$）$t$和$x = $（最小$c_g$）$t$之间． 这是一个很重要的实际問題，因为在天气预报时我們首先要注意的問題之一是可以影响某地气压变化的范圍有多大． 某一地区發生了气压变化，它的动力影响范圍虽然可以由最大和最小c_g算出，但是它的影响有效范圍确远小於这样計算出来的． Charney[161]将这种有效动力影响傳播的速度叫做信号速度（Signal velocity）．他求出当扰动的南北寬度为7,200公里时水平信号速度最大的为2.5°緯度·日$^{-1}$，最小的为$-20°$緯度·日$^{-1}$． 他更求出垂直方向的信号速度的最大和最小各为±4.5公里·日$^{-1}$．

　　在第五章中我們討論西風帶的平均槽脊的形成时，我們将西風帶的扰源归於地形和海陆热力性質的不均匀性． 为什么在固定地区存在有一定的扰源时，在其下游或上游会形成槽脊，它的机制可以用色散过程来解釋[159]．

　　設正压无輻散的大气中基本气流为常値，同时扰动在南北的方向上是無限的． 此时渦度方程为

$$\frac{\partial^2 v}{\partial x \partial t} + U \frac{\partial^2 v}{\partial x^2} + \beta v = 0.\qquad(7\cdot7)$$

設自某时$t=0$起，在$x=0$常速率地把气旋式的渦度引进西風帶，这样我們所用的起始和边界条件为：

$$\text{当 } t=0, \qquad v=0,$$
$$\text{在 } x=0, \qquad \partial v/\partial x = \zeta_0 = \text{常数}, \qquad v=0.$$

在上列条件下(7·7)的解为

$$v(x,t) = \zeta_0 U \int_{t-\frac{x}{U}}^{t} \zeta_0 \left(\sqrt{4\beta(t-\theta)} [x - U(t-\theta)] \right) d\theta.\qquad(7\cdot8)$$

　　(7·8)式的积分如下：

　　在$x \leqslant Ut$的区域內·

$$v(x,t) = \zeta_0 k^{-1} \sin kx, \quad k \equiv \sqrt{\beta/U},$$

当 $x = 2Ut$

$$v(x,t) = \frac{1}{2} k^{-1} \sin kx,$$

在 $x = Ut$ 的附近

$$v(x,t) \cong \zeta_0 k^{-1} \sin kx - \frac{1}{2}\left(1 + \frac{1}{2}P^2\right)\zeta_0 k^{-2}P J_1(kxP) + \frac{1}{2}\zeta_0 k^{-2}x^{-1}P^2 J_0(kxP),$$

$$P \equiv 2x^{-1}\sqrt{Ut(x-Ut)};$$

在 $x = 2Ut$ 附近

$$v(x,t) \cong \frac{1}{2}\zeta_0 k^{-1} \sin kx - \frac{1}{2}\zeta_0(x-2Ut)J_0(kx);$$

在 $x \gg 2Ut$ 区域

$$v(x,t) \cong \frac{1}{2}\left(1 + \frac{1}{2}P^2\right)\zeta_0 k^{-1}P J_1(kxP) - \frac{1}{2}\zeta_0 k^{-2}x^{-1}P^2 J_0(kxP).$$

在上式中 J_0 和 J_1 为第一类零級和一級 Bessel 函数。

　　由上式中我們可以看出在 $x < Ut$ 的区域，扰动已为常定狀态，成正弦波，波長为 $L = 2\pi\sqrt{U/\beta}$，等於 Rossby 的駐波波長。由此看出，如由某种动力或热力原因（如地形或海陆分佈）在某一固定位置經常供給大气以扰动，則大气中將有平均槽脊出現。

　　由上面的解答，我們可以將由 $x=0$ 的扰动而产生的流綫繪出，如圖 7·2，由圖中我們看出

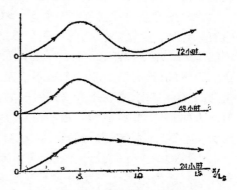

圖 7·2　由於固定經度上气旋性涡度的注入，在平直西風上形成新波的过程[159]

当某地有槽（脊）生成时，其下游將有脊（槽）發展。这种现象是經常在大气中發生的，Namias[162] 对於这种现象曾經有过描述。

§3. 不稳定的分类

　　在第一章中我們提到了高和低指数天气型式循环的問題，动力气象的一个重要任务就是解釋这种循环的原因，同时給出高指数和低指数相互發展的指标。这个問題也就是气旋的生成和緯圈环流的崩潰問題。气旋的生成研究起源於 Bjerknes 和 Solberg[163]，他們从天气圖总結了气旋發生和發展的过程，这項工作給 1920 年以后的天气分析和天气预告一个良好基础。后来 Solberg[164] 又从理論上对於气旋生成进行了研究，他采用了两層常温大气模式，这两層中的气流都是緯向的，但速度不同。在这种大气中，他找到了类似气旋的不稳定波。后来 Godske[165] 又討論了这个問題，並將重要結果总結於圖 7·3，在这圖中我們看到相当於气旋波的波長是可以不稳定的。J. Bjerknes[166] 企圖用慣性不稳定解釋气旋的發生，可以証明在稳定層結的大气中，当下列条件：

$$\frac{\partial U}{\partial y} > f \tag{7.9}$$

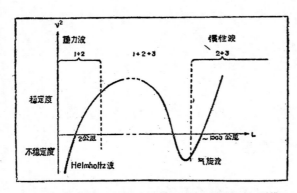

图 7·3　Godske 的大气波动的稳定度和不稳定度图[165]
1—重力稳定度,
2—切变不稳定度,
3—转动惯性稳定度。

成立时，则不稳定．上式的 $\partial U/\partial y$ 是沿等熵面的微商．Bjerknes 又从实际的剖面中指出上列的不稳定标准在大气中是时常可以發生的．

在大气中长波尺度运动的不稳定問题是近年来討論很多的一个問题．以下将专对这个問题予以討論．首先講一下不稳定度的分类問题．

从能量的观点来說，当扰动發展时，它的动能要增加；阻尼时，它的动能将减小．因此当它發展时要有源来供給它能量，当它阻尼时要有匯来接受它的能量．因此我們可以按能量的源匯将不稳定度分类。

大气中有三种主要能量：动能、势能和內能（假設不計凝結热），后二者在一个大气柱中有一定的比例关系．因此我們可以把它們总成一种称为位能．如大气为正压的，位能不能施放，於是只有基本气流的动能可以成为扰动的源匯．这种不稳定决定於基本流速在水平空間分佈狀态，称为正压不稳定．另外一种情况是基本气流在水平空間是均一的，但随高度有变化，也就是大气是斜压的，位能可以施放，供給扰动能量．这种不稳定决定於風力的垂直切变，称为斜压不稳定．这两种不稳定有共同的特性，就是不稳定度是波的函数，也就是不稳定有选择性．这点和 (7·9) 式所給的惯性不稳定完全不同．

由於地球大气的大尺度运动可以看作在緯圈环流上叠加了大型扰动，因此近似地可以用小扰动的綫性化理论研究不稳定现象．在涡度方程中略去较小的項以后，可得

$$\frac{\partial \zeta}{\partial t} + \mathbf{V} \cdot \nabla \zeta + \beta v \doteq -f \nabla \cdot \mathbf{V}. \tag{7·10}$$

将运动看作基本气流 $U(y,z)$ 上所加的小扰动 $v(x,y,z,t)$，而

$$v \sim V(y,z) e^{ik(x-ct)}.$$

当 c 的虚数部分 $c_i \neq 0$ 时，则有不稳定现象發生，由此可以求得不稳定的条件。

如果大气是正压的，緯圈气流只有水平切变，$U=U(y)$，又当大气是不可压縮的，运动是水平和無輻散的，郭曉嵐[156] 曾求得，当在流場中有某点或某些点

$$\frac{d^2 U}{dy^2} - \beta = 0 \tag{7·11}$$

时，$c_i \neq 0$，波長 L 大於中性波波長 L_k 的波动是不稳定的，小於 L_k 的是稳定的。

实际上大气是斜压的，在大气中斜压不稳定更为重要（见后），因此斜压大气中的不稳定度是近年动力气象中討論得非常广泛的一个問题．1946 年赵九章[167] 就提出了长波在斜压大气中不稳定的现象．1947 年 Charney[139] 詳細地討論了这个問题后，Eady[168,169]，Berson[170]，Fjørtoft[171]，Sutcliffe[172]，郭曉嵐[173]，Thompson[174]，Gambo[175]，Phillips[101]，Fleagle[176] 和 Gates[177] 等由不同的角度对於斜压大气中的不稳定现象进行了理论的研究．由於这个問题的复杂性，只有在許多簡化的情况下才可能得到

解决。例如 Fjørtoft[178]以

$$\mathbf{V}_h^* = \mathbf{V}_{z=0} + \mathbf{V}_r,$$

而 $\mathbf{V}_h^*$ 表示風在垂直方向上對質量的平均，不考慮垂直运动的作用，$\dfrac{\partial v^*}{\partial t} = \dfrac{\partial v_r}{\partial y} = 0$，並以

$$v^* = Ae^{ik(x-ct)},$$
$$v_r = Be^{ik(x-ct)},$$

其中 A, B 为不同的复数，他得到

$$c = -U^* + \frac{\beta}{2k^2} \pm \sqrt{\frac{\beta^2}{4k^4} - U_r^2}. \tag{7·12}$$

由此他求出

$$\left(\frac{\beta}{2k}\right)^2 - k^2 H^2 \left(\frac{dU}{dz}\right)^2 \lessgtr 0, \quad \begin{array}{l}\text{不稳定}\\ \text{稳定}\end{array} \tag{7·13}$$

的条件(其中 H 为均質大气的高度)。这和 Sutcliffe[172] 的結果一致，Eady[169] 也得过类似的結果。在他們所求得的(7·12)式中，当波長减小到零时，波动發展的速率增加到無穷大，这是由於他們没有考虑到垂直运动对温度变化的影响。

最近 Fleagle[176] 將一坐标平面放在最大斜度的流綫面上，这样垂直运动就不在方程中出現，問題的处理变得簡單，他得到的不稳定条件是

$$l\frac{dU}{dz} > -\frac{l_\theta}{a}\left[\left\{\left(\frac{1}{\bar\rho}\ \frac{\partial\bar\rho}{\partial z} + g\gamma\right)\Big/(l\gamma)\right\} + \frac{g\gamma l}{\alpha^2}\right], \tag{7·14}$$

其中 $l = 2(\Omega + c)\cos\theta$，而 c 是和水平气流有关的常数，θ 是余緯，$\bar\rho$ 是基本气流的密度，γ 为压性系数，$\alpha^2 = \left[\dfrac{(k^2 - \cos^2\theta)}{\sin^2\theta} + \lambda^2\right]a^{-2}$，$k$ 和 λ 各为緯向、經向的波数。由上式可以看到

在一个固定的緯度上有一个不稳定所需要的最小的风速垂直切变。还可以看到考虑了垂直运动对温度的变化作用后，不稳定和靜力稳定度有了关系。由以上可以看出不同作者的不同假定，他們所得的結果也很有出入。例如有些結果指出短波是稳定的，而按另一些結果短波是不稳定的，由於假定不同，这些不同的結果是难以比較的。

为了具体說明这些結果的不同，我們將一些作者所得到的稳定与不稳定区域的分界綫分別繪於同一圖(圖 7·4)中。圖中直坐标为 $\partial U/\partial z$，横坐标为波長。由圖中我們看出郭曉嵐和 Charney 的稳定和不稳定的分界綫几乎相合，Gambo 的和他們的很相近。此外圖中不同作者們的分区就相差很多了*)。儘管如此我們还可以由这些曲綫中找出一些共同之处。首先不稳定度是 $\partial U/\partial z$ 和 L 的函

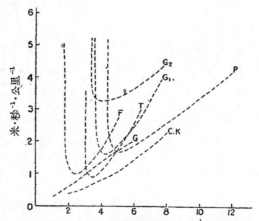

圖 7·4 不同作者所得的稳定与不稳定区域的分界綫圖。圖中縱坐标为西風的垂直切变(單位为米·秒⁻¹·公里⁻¹)，横坐标为波長(單位为 1,000 公里)，分界綫上的字母表示作者：C—Charney[189], G—Gambo[175], K—郭曉嵐[178], T—Thompsom[174], P—Phillips[101], F—Fleagle[176], G_1, G_2—Gates[171], 角码 1 代表無对流項时的狀况，2 代表对流項位於 100 毫巴时的狀况。

*) 这里应該指出这些作者們所用的参数，如靜力稳定度等是不同的，这也增加圖中各曲綫的相差。

数. 同时由几乎所有的不穩定度的表達式中都可以看出有最不穩定的波長区域, 按不同作者这个区域是不同的, 但他們都落在我們大气中所常見的波長范圍內. 其次在所有的結果里, 不穩定波的区域隨 $\partial U/\partial z$ 而增加. 而且在短波方面穩定与不穩定区的分界綫是垂直的, 也就是当波長小於某一值时, 不管 $\partial U/\partial z$ 的大小如何, 都是穩定的, 不过不同的作者所得到的这个临界波長是不同的. 第三所有的結果都指出一个最小的 $\partial U/\partial z$, 当 $\partial U/\partial z$ 小於某值时, 則不管波長如何, 沒有不穩定的現象發生. 不过这个临界值也还是隨作者而異的.

不穩定度不仅是 $\partial U/\partial z$ 的函数, 它和温度的垂直遞减率也有密切关系. 它随遞减率的增加而增加, 这是很容易理解的. 温度垂直分佈对於不穩定度的影响由 Gates[177] 的工作看得很清楚, 圖 7.4 的 G_1 是沒有平流層时 Gates 的不穩定曲綫, G_2 是对流層頂在 100 毫巴时的曲綫. 比較 G_1 和 G_2 我們可以看出平流層的存在大大地增加了对流層的穩定性.

§4. 不穩定波的結構及其發生的物理过程

Charney[139] 和郭曉嵐[173]等对於不穩定波的結構曾作过詳細的討論, 他們的結果相差不多. 以 Charney 的結果为例, 如圖 7.5. 該圖指出不穩定的脊綫和槽綫是向上向西傾斜的. 槽前的下面是輻合, 上面輻散, 有上升运动. 槽后正好相反, 下面輻散, 上面輻合, 有下降运动. 这种結構与 Bjerknes 和 Holmbce[154] 所給出高空發展波的結構是相同的, 与 Fleagle[179] 所找出一般的天气事实也是相合的.

不穩定波在平面上的結構是温度槽落后於气压槽. 这样热成風把气旋性热成涡度 (Thermal vorticity) 向槽中輸送, 反气旋性热成涡度向脊中

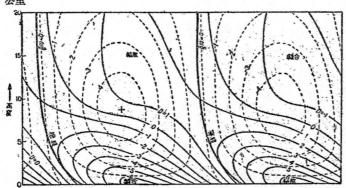

公里

圖 7.5 斜压不穩定波的水平質量輻散場和垂直动量場的模式圖. 实綫表示水平的質量輻散 (單位为 10^{-8} 克·厘米$^{-3}$·秒$^{-1}$), 虛綫表示垂直动量等值綫 (單位为 10^{-3} 克·厘米$^{-2}$·秒$^{-1}$)[139].

輸送. 因此气压波得到發展. 这个結構与一般冷平流使槽發展, 暖平流使脊發展的經驗相合.

斜压不穩定波的能量来源旣然是位能, 因此必需通过垂直运动 (w) 才能有能量的施放, 变成动能使波动發展. 依 Fjørtoft[178], 某一孤立的系統內的扰动动能的变化可以写成:

$$\frac{d}{dt}\int \frac{1}{2}\rho \mathbf{v}'^2 \, d\tau = \int \rho \varkappa' w' g \, d\tau - \int \rho \frac{\partial U}{\partial y} u'v' \, d\tau - \int \rho \frac{\partial U}{\partial z} u'w' \, d\dot{\tau},$$

上式中帶撇的为扰动, 不帶撇的为基本量, $\varkappa$ 为 $\ln\theta$. 显然上式中右边的后二項不是位能施放者, 只有第一項才是. 如使該項为正必需冷空气相对於暖空气是下沉的.

如何得到上面的所說的冷空气的相对下沉,我們可以把 $\varkappa'$ 写成

$$\varkappa' = -\mathbf{l}\cdot\nabla\varkappa = -K\mathbf{v}'\cdot\nabla\varkappa \quad (K>0),$$

这里 $\mathbf{l}$ 代表一种混合距离。因此

$$\int \rho\varkappa\, w\, g\, d\tau = -K \int \rho(\mathbf{v}'\cdot\nabla\varkappa)w' g d\tau = -K \int \rho v'w'\frac{\partial\varkappa}{\partial y} - K \int \rho w'^2 \frac{\partial\varkappa}{\partial z} g\, d\tau. \quad (7\cdot15)$$

設 $\partial U/\partial z > 0$,則有位能施放的条件为:(1)水平温度梯度必須存在,(2)在子午面上流綫的傾斜方向 w'/v' 必定与基本气流的等熵面傾斜方向相同,而且前者小於后者。即

$$w'/v' < -\frac{\partial\varkappa/\partial y}{\partial\varkappa/\partial z}. \quad (7\cdot16)$$

要位能施放,上面的分析还指出南風必須伴随着上升运动,北風伴随着下沉运动,而上升运动不能大於某个数值,大於此值反而位能不得放出。这点由 (7·15) 式可以看出。在垂直稳定 $(\partial\varkappa/\partial z > 0)$ 的大气中,该式右边第二项永远是負的,也就是上升运动永远要消耗四周的劲能,也就是由於垂直位置分佈而有的位能無法放出。这是很明显的,因为大气是静力稳定的。 因为 $\partial\varkappa/\partial y < 0$,伴随南風的上升运动和伴随北風的下沉运动可以施放由於南北温度梯度而貯蓄的位能。这就是(7·15)式右边的第一項。这二种位能施放的淨值是否为正要看(7·16)式是否成立。 由(7·16)式我們可以推出,位能施放最大的地方应该是在流綫傾斜度相当於等熵面傾斜度的一半的地方,郭曉嵐[180]的数学計算証明了这点。

上面的分析可以用於解釋不稳定度与波長的关系。如 w' 为某一不变的值,当波長很小时(也就是水平尺度小),则 w'/v' 将大於 $-\dfrac{\partial\varkappa}{\partial y}\Big/\dfrac{\partial\varkappa}{\partial z}$,位能不能施放,所以小於某波長的波是稳定的。当波長很大时 w'/v' 很小,按上面分析,位能不能大量施放,所以波長很長的波不能很不稳定。 在中等波長的波中 w'/v' 接近於 $\left(-\dfrac{1}{2}\dfrac{\partial\varkappa}{\partial y}\Big/\dfrac{\partial\varkappa}{\partial z}\right)$,位能施放最多,所以最不稳定。这解釋了許多作者的理論計算,最不稳定的波为波長 5,000—7,000 公里的波長。

說明了斜压位能釋放的物理过程后,下面我們可以討論不稳定波發展的物理过程。設起始狀态为西風,等温綫是东西狀,自南向北减小。在这种狀态上重叠了一个气压正弦波,这样南風將暖空气向北輸送,冷空气向南輸送,使温度槽(虛綫)落后於气压槽(实綫)(圖 7·6)。由圖中我們可以看出,在槽前热成渦度是沿热成風方向减小,而在槽后热成渦度是沿着热成風方向增加的。按 Sutcliffe[181] 热成渦度分佈与垂直运动的关系,槽前应有上升运动,槽后应有下沉运动。也就是南風伴随上升气流,北風伴随下沉气流(此时 $w'T'$ 的一个波長的平均值,$\overline{w'T'} > 0$),能量可以釋放,波动可以發

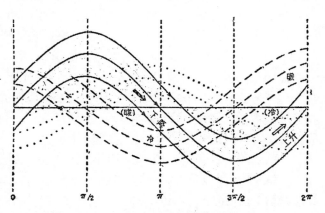

圖 7·6 由純水平运动(断綫)和垂直运动(点綫)所發生的流塲(实綫)和温度塲[173]

展。 但随波动發展的同时，垂直运动將产生另一种温度分佈，如圖的点綫。 这种温度分佈，將使槽前产生下沉气流，槽后上升，於是使位能增加，波动阻尼。 当波动發展足够强大时，后面增加位能的作用將超过前面位能释放作用，於是波动將消弱。 由这种討論看来，垂直运动是不稳定波發展的必要条件，但同时垂直运动也制造了不稳定波消灭的因素。

为了进一步了解不稳定波的物理机制，我們从理想的正弦波入手。 这里我們假設气压、温度和垂直运动的分佈都是正弦波，槽前上升，槽后下降(圖 7·7)。很显然当温度波与

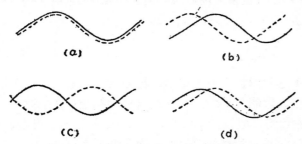

气压波相重合时(圖 7·7 a)，$\overline{w'T'}=0$，沒有位能释放，波动不能不稳定。 当温度波落后於气压波时 (圖 7·7b)，$\overline{w'T'}>0$，有位能释放，波动可以發展。 但当温度波落后於气压波的位相超过 90°，达到 180° 时(圖 7.7c)，$\overline{w'T'}$ 又复为零，位能又無法释放，波动 又 不能發展。 当气压波落后於温度波时，則波动阻尼 (圖 7·7 d)。 根据上面的討論可以推出，当温 度波落后於气压波 90° 时，扰动处於最不稳定的狀态。 可以說这是与实况相符合的。 再者由於实际上有摩擦消耗，等不到温度波超过气压波时，扰动就应該处於阻尼狀态了。 因此在平均情况下，阻尼扰动和不稳定扰动的作用相消后，我們仍观測到 $\overline{T'v'}>0$ 和 $\overline{T'w'}>0$，以平衡中高緯度和高空的輻射差額。

圖 7·7　稳定和不稳定波的温压場構造。实綫表示气压波，断綫表示温度波。(a) $\overline{w'T'}=0$，中性波；(b) $\overline{w'T'}>0$，不稳定波；(c) $\overline{w'T'}=0$，中性波；(d) $\overline{w'T'}<0$，阻尼波

§5. 波动的能譜

前面我們討論了大气中不稳定的物理过程，这种过程在大气中是否重要，大气中高低指数环流交替的現象是否就可以用上述不稳定現象 来 解释，这就要看不稳定理論所描写的現象是否在大气中佔有重要的位置。 不稳定理論里有个主要結論就是：並不是所有波長的波动在同一大气中都具有相同的不稳定度。其中某种波長 (L_m) 的波最不稳定，而且小於某波長(L_c)的波永远是稳定的。虽然依照不同的假定，不同的作者得到不同的 L_m 和 L_c，如果不稳定是大气环流中一个主要現象，則大气中波动的能譜应該集中於某个波長 L_m，同时自某一波長 L_c 以下能譜將急速的消灭。圖 7·8 是 White 和 Cooley[182] 所計算的平均經向运动动能随波長的分佈，由圖中我們可以很清楚地看出扰动动 能 集中於波数为 4 的波。这是一个冬季的平均(三个月)。如以每月分別計算，則还有一个不明显的高点，相当於波数为 8 的波。White 和 Cooley 所採取的緯度为 45°，故波数 4 相当於波長 5,200 公里，这正是相当於理論上最不稳定的波長。 在 White 和 Cooley，以前 Kubota 和 Iida[183] 作过类似統計，在冬季扰动动能集中 $n=3$ 和 $n=6$，自 $n=6$ 以下扰动动能下降很快。 在夏季 $n=3$ 的高点趋於消灭。 另外 Charney[184] 也作过同

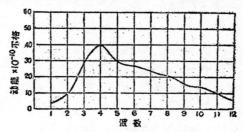

圖 7·8　經向运动动能的波譜[183]。

一問題的討論．

关於波动动能和波长的关系，Fjørtoft[185] 和 Wipperman[186] 曾作过理论的探討。在正压無輻散的大气中，Wipperman 証明不論起始扰动的动能如何随波长而分佈，扰动动能以后总是向两种波长的波集中，而这两种波长正是大气中所常見的。

§ 6. 关於不稳定理论的进一步探討

由日常天气演变看，高低指数环流的交替是一个經常的現象。至少在某种程度上，这种环流演变是和大气不稳定性質相关联的，因为根据前面不稳定的理论解釋了大气的一些事实。前面的討論指出了两种长波不稳定：正压与斜压不稳定。这两种不稳定中那一种是大气中主要的，这將是本节首先討論的一个問題。

有两个条件可以使正压大气不稳定：一个是 $\partial U/\partial y = -f$，另一个是在流場中有某点或某些点满足 $\partial^2 U/\partial z^2 = \beta$。前者为慣性不稳定，后者通常称为正压不稳定。斜压不稳定的条件是 $\partial U/\partial z$ 大於某数值，这个数值按圖 7·4 可以定为 1—2 米·秒$^{-1}$·公里$^{-1}$。然而所有圖 7·4 的曲綫都是在没有摩擦的情况下得到的。考虑了摩擦，$\partial U/\partial z$ 的临界值显然应該大於 1—2 米·秒$^{-1}$·公里$^{-1}$，同时当 $\partial U/\partial z$ 到临界值时，只是开始有了不稳定，而这时波动振幅增长率非常小。因此实际上环流狀态不会因此改变多少。現在設在一天之内波动振幅增加一倍，才算到达实际的不稳定狀态，由不同作者的理论估計，这时 $\partial U/\partial z$ 的数值可以定为 3—4 米·秒$^{-1}$·公里$^{-1}$。

設想在自轉的地球大气中，除太陽輻射，没有任何其他的动力作用。这时它的温度分佈是可以求出的，此时的温度梯度已列於表 3·1 中。設地面 $U_0 \approx 0$，由这样的温度梯度在对流層頂（設为 10 公里）所造成的 U 及 $\partial U/\partial y$ 的分佈是可以算出的，由此我們算出了經对涡度 $\left(f - \dfrac{\partial U}{\partial y}\right)$ 的分佈如圖 7·9。由此圖中我們可以看出，正压不稳定所需要的条件是不能满足的。因此要正压不稳定出現，必需要先有造成正压不稳定風速分佈的某种动力作用。因此这种不稳定在大气中不是"自發"的而是某种动力作用的结果。至於斜压不稳定所要求的条件是垂直風速切变到达 3—4 米·秒$^{-1}$·公里$^{-1}$，相当於一个緯度 0.75—1.00°C 的水平温度梯度（在中緯度）。按表 3·1，这个温度梯度是很容易在太陽輻射下在大气中造成的。不稳定的現象是否出現，在於大气里是否有波长为 3—8 千公里的波动存在。按前几章的討論在太陽輻射的作用下，在自轉地球的大气里以 3—8 千公里为尺度的运动是自然存在的。因此在大气

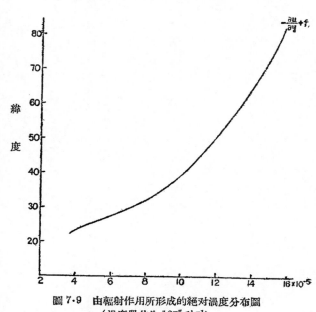

圖 7·9　由輻射作用所形成的絕对涡度分布圖
（涡度單位为 10^{-5} 秒$^{-1}$）

中斜压不稳定的条件是自然可以滿足的，而不需要任何其他的动力作用使它产生。 由此看来斜压不稳定是大气中主要的現象，正压不稳定是次要的。

根据前面的討論可以説不稳定現象在大气中是存在的，而且是一个主要的現象。 过去的不稳定理論也解釋了大气中一些不稳定的主要現象。不过在这些理論中有些共同的缺点和困难，这是应該指出的。

首先所有的理論都是設振幅比等於 e^{ict}，当 c 为复数时，则为不稳定狀态。 由於小扰动的假定，理論結果只能适用於起始时間的附近。时間长了，振幅大了，小扰动的假定不能成立，於是理論結果就不能再被应用。 因此所有的不稳定理論只能指出不稳定狀态是否存在，至於不稳定波的發展是不能用現有的理論討論的。 其次現有的理論所指的不稳定都是指波动振幅的增长，而經驗指出这只不过是不稳定現象的一种。 常常可以在天气現象中發現不稳定的結果不仅是振幅的加大，而更重要的是波长的縮短（由於新槽或新脊的建立）。也往往可以發現波动狀态的变形，波长和振幅都沒有大变动，而波的形狀确有大的变动，以使大气狀态有很大的扰动。 如切断低压和阻塞高压發展的后期就可以屬於此类。 这些現象也是大气不稳定的表現，但不能以現有理論来討論。

由本节討論可以看出，現阶段的不稳定理論还处於起始狀态，很有待發展。目前所需要的研究还不仅在理論方面，还在於实际变化的个案分析，由个案分析得到不稳定現象發展的物理过程后，理論工作才更有發展的余地。 目前地球物理所天气組[46]正在注意这方面的研究。

第八章　大气中角动量的平衡

在第四章中我們討論了东西風帶的生成理論，在那里我們指出东西風帶是由於三种作用生成的：(1)地球自轉，(2)太陽輻射和(3)大型扰动。前二者是外在原因，而第(3)則是通过前两个外在原因在大气中产生的一个结果.大型扰动旣造成了东西風帶，通过地面摩擦，地球和大气就有了系統的相互作用。地球对西風帶的大气产生自东向西的力矩，对东風帶产生自西向东的力矩。如使东西風帶能長时間的維持，則必需在平均情况下有一定的角动量自东風帶輸送到西風帶去。Jeffreys[187] 在 1926 年就把这种观念数学化了。1926 年以后英国的气象学者們雖然对 Jeffleys 的工作有所討論，但是这个理論未得到应有的注意。1948 年 Starr[188] 和 Bjerknes[189] 重新把这个問題提出后，它才成为近年来研究大气环流的主要工具之一。

这个理論一方面对大气环流的平衡問題提出一个研究方向，它更进一步地把地球和大气联系起来。闡明大气环流中風帶維持的机制，另一方面也可自大气环流的演变观点出發研究地球自轉速度的年变化。本章主要是对前一方面的問題进行討論。

§1. 角动量平衡方程

令

$$M = ua \cos \varphi + \Omega a^2 \cos^2 \varphi \tag{8·1}$$

为單位質量的絕对角动量，則

$$\frac{dM}{dt} = -\rho^{-1} a \cos \varphi \left(\frac{\partial p}{\partial x} - D_x \right), \tag{8·2}$$

其中 D_x 为單位体积上向东的摩擦力。由上式和連續方程得

$$\frac{\partial \rho M}{\partial t} = -\nabla \cdot \rho M \, \mathbf{c} - \frac{\partial (pa \cos \varphi)}{\partial x} + a \cos \varphi \, D_x. \tag{8·3}$$

將(8·1)代入(8·3)式，並对体积 V 积分，則得

$$\frac{\partial}{\partial t} \int \rho au \cos \varphi \, dv + \Omega a^2 \frac{\partial}{\partial t} \int \rho \cos^2 \varphi \, dv = \int \rho (ua \cos \varphi +$$

$$+ \Omega a^2 \cos^2 \varphi) c_n \, ds - a \int \frac{\partial p}{\partial x} \cos \varphi \, dv + \int a \cos \varphi \, \tau_x ds. \tag{8·4}$$

其中 c_n 为向内的速度分量，τ_x 为在边界上作用於大气内部的向东的摩擦力。一般地我們的对象只是某个緯度(φ)以北的大气，此时上式变成[190]

$$\frac{\partial}{\partial t} \int \rho au \cos \varphi \, dv + \Omega a^2 \frac{\partial}{\partial t} \int \rho \cos^2 \varphi \, dv = a \cos \varphi \iint \rho uv \, dx dz +$$

$$+ \Omega a^2 \cos^2 \varphi \iint \rho v \, dx dz + a \sum_{i=1}^{n} \iint_{\sigma_i} \Delta p_i \cos \varphi \, dy dz + a \int \cos \varphi \, \tau_x \, ds. \tag{8·5}$$

上式左边第一項为大气中相对角动量（以下簡称 u 角动量）的变化，第二項为由於地球自轉而来的角动量（以下簡称 Ω 角动量）的变化，这項第一是由緯度 φ 以北总質量变化

而来，第二是由該緯度以北大气質量重新分配而来．右边第一項为通过垂直於緯圈 φ 的平面自低緯度向高緯輸送的 u 角动量；第二項为經过同一平面質量輸送而引起的 Ω 角动量輸送；第三項为由於山脉而引起的角动量变化．在同一高度上山的东西两侧的气压是不一定相同的，(8·5)式 Δp 代表同一高度山两侧的气压差(东侧减西侧)，n 为山的数目，σ 为山在經圈剖面的投影．当 $\Delta p \neq 0$ 时，这种气压差作用使山对於大气有一力矩．东侧气压大於西侧时，力矩为正，增加了大气的角动量．西侧气压大於东侧时，反之．第五項为地面摩擦使大气角动量發生的变化．

§2. 地球和大气之間的应力和角动量的交换

在討論角动量平衡时，必須知道大气和地球之間的角动量的交换，这可以有两种計算方法．一种是通过地球和大气之間的摩擦应力得到，另一种是間接地由晝夜長度年变化来計算，下面我們先用后一种方法，然后再用前一种方法来討論这个問題．

令 I_a 和 I_m 各为大气和地球中間層 (Mantle) 的慣性矩 (Moment of inertia)，Ω_a 和 Ω_m 各为大气和地球中間層的角速，根据 Mintz 和 Munk[191] 極近似地得到

$$I_a\Omega_a + I_m\Omega_m = 常数, \tag{8·6}$$

於是

$$\Delta(I\Omega)_a = -\Omega_m I_m\left(\frac{\Delta\Omega_m}{\Omega_m} + \frac{\Delta I_m}{I_m}\right). \tag{8·7}$$

根据 Mintz 和 Munk，I_m 的变化主要是由於潮汐引起的，同时 $I_m = I/1.1$，$I(=0.8\times10^{45}$ 克·厘米$^2)$ 为地球的慣性矩，故

$$\Delta(I\Omega)_a = \Omega_m I_m\left(\frac{\Delta T}{T} - \frac{\Delta T_t}{T}\right) = \frac{\Omega_m I}{1.1T}(\Delta T - \Delta T_t), \tag{8·8}$$

其中 T 为晝夜長度，ΔT 为其变化，ΔT_t 为潮汐引起的晝夜長度变化．

根据 1934—1939, 1943—1949 和 1951—1952[192] 的观测，逐月平均晝夜長度与正常的偏差列於表 8·1*) 的 a 項內．由於潮汐引起的偏差(据 Mintz 和 Munk)見同表 b 項．第三項 c 为二者之差($\Delta T - \Delta T_t$)，第四項 d 为逐月的变化．根据 (8·8)式所計算的 $\Delta(I\Omega)_a$，卽是由地球和大气之間的交换而引起的大气角动量的月际变化，列於第五項 e．由表上可以看出，这种变化从冬到夏和从夏到冬是不对称的，除 2 月到 3 月外，大气角动量在北半球由冬到夏是下降的．以 8 月的角动量为最低，自 9 月开始增加，到 12 月或 1 月为最高．大气角动量 1 月与 8 月之差为 10.9×10^{32} 克·厘米^2·秒$^{-1}$．由表中还能看出在春秋两季大气角动量开始加速变化．

上述这种大气角动量的月际变化正是地球和大气之間角动量交换的結果，而地球和大气之間角动量的交换是通过两种方式进行的．一种是通过地面摩擦应力，也就是 (8·5)式右边的最后一項．另一种是通过山脉东西两侧气压差的作用，也就是 (8·5)式右边第三項．White[193] 曾計算了通过山脉作用而引起的地球和大气之間角动量交换．他計算范圍是北緯 25° 到 65°．这里我們利用了最新記录將北半球的山脉作用重新加以計算，同时利用地面圖估計了南半球安第斯山的作用．北半球的 500 毫巴平均圖是陶詩言[18] 所發表

---

*) 此表系由胡运樑同志帮助計算的．

的，地面和 700 毫巴圖是美国气象局[19]所發表的。南半球的地面圖是巴西出版的。在北半球取了三層：地面、700 毫巴和 500 毫巴，中間內插。在沒有高空圖的区域（南半球和北半球的低緯）則設山兩側的气压差自地面綫性地向上减小到山頂为零，結果見圖 8·1*)。

比較圖 8·1 和 White 所作的山脈作用圖，可以看出在我們圖中的北緯 25—65° 部分基本上是和 White 的結果一样的。圖 8·1 还指出：在北半球的付热帶和高緯度，山脈的作用是和东風的作用一样，也就是將地球的角動量輸送給大气。不过这里应当指出：在南半球和北半球的低緯度我們只用了地面圖，而且只有 1,4,7,10 四个月。其他八个月份是內插出来的。逐月山脈作用的总和見表 8·1 的 f 項。由此項我們看出，在任何月份內，山脈都把大气的角動量輸送与地球，以 5 到 8 月为最大。全年总数 2.09×10^33 克·厘米^2·秒^-1。

大气与地球之间的角动量交换的另一种方式是通过地面摩擦应力。这项的直接計算是有困难的，但是可以間接地求出。用表 8·1 中的 e 項减去表中的 f 項即得通过应力而引起的大气与地球之间的角动量交换率，見同表的 g 項。由此看出，只有由 6 月到 8 月的时期里大气通过应力供給地球角动量，在其他月份里则大气通过应力由地球取得角动量，以全年論，通过摩擦大气由地球取得角动量为 2.09×10^33 克·厘米^2·秒^-1，以补償通过山脈作用大气失去（給地球）的角动量。

由表 8·1 的 f 項可以計算平均地面摩擦应力，結果見同表的 h 項。由此可以看出由 5 月至 8 月，大气对地球加以自西向东的应力，最大值为 2.8×10^-2 达因·厘米^-2，其余各月大气对地球加以自东向西的应力，最大值为 7.8×10^-2 达因·厘米^-2。以全年而論，通过摩擦大气对於地球的应力是自东向西的，以平衡由山脈兩側的气压差所引起的大气加於地球自西向东的力。

由表 8·1 的 h 項我們可以推出近地面西風环流

表 8·1 逐月平均晝夜长度与正常偏差、大气角动量的月际变化、逐月山脈和地面摩擦輸給与全球大气的角動量以及大气給予地球平均的表面摩擦力

月份	1	2	3	4	5	6	7	8	9	10	11	12	1
a. 逐月平均晝夜长度与年平均的偏差（毫秒）	0.49	0.65	0.79	0.68	0.14	-0.46	-0.97	-1.15	-0.70	-0.17	0.26	0.43	0.487
b. 由潮汐作用而引起的地球晝夜长度变化（毫秒）	-0.09	0.10	0.20	0.10	-0.10	-0.23	-0.15	0.05	0.18	0.11	-0.06	-0.15	-0.09
c. (a)减(b)	0.58	0.55	0.59	0.58	0.24	-0.23	-0.82	-1.20	-0.88	-0.28	0.32	0.58	0.58
d. (c)的逐月变化	-0.03	0.04	-0.1	-0.34	-0.47	-0.59	-0.38	0.32	0.600	0.60	0.26	0	
e. 全球大气角動量的月际变化（10^{32}克·厘米^2·秒$^{-1}$）	-0.18	0.25	-0.06	-2.08	-2.88	-3.62	-2.33	1.96	3.68	3.68	1.59	0	
f. 由山脈作用而引起的全球大气角動量变化（10^{32}克·厘米^2·秒$^{-1}$·月$^{-1}$）	-1.04	-1.17	-1.71	-2.44	-2.89	-2.54	-2.12	-1.68	-1.17	-1.22	-1.52	-1.38	
g. 地面摩擦引起的全球大气角動量变化（10^{32}克·厘米^2·秒$^{-1}$·月$^{-1}$）	0.86	1.42	1.65	0.36	0.01	-1.08	-0.21	3.64	4.85	4.90	3.11	1.38	
h. 大气給予地球平均的表面摩擦力（10^{-2}达因·厘米$^{-2}$）	-1.31	-2.15	-2.50	-0.55	-0.02	1.64	0.32	-5.51	-7.35	-7.42	-4.72	-2.09	

---

*) 此圖为胡运樑同志計算和繪制的.

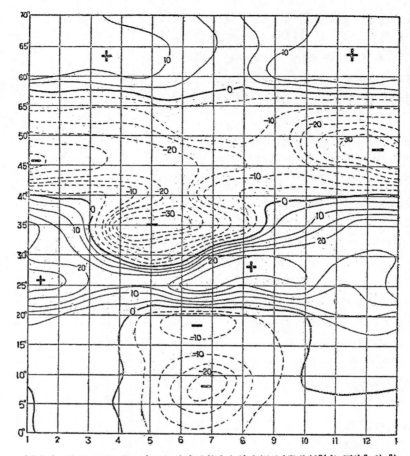

圖 8·1　由山脈兩側气压差引起的地球給大气的力矩值(單位10²⁴克·厘米²·秒⁻²)

加权（对 cos φ）平均强度的年变化。当大气对地球施以自西向东的应力时，平均近地面的西风环流应当强，当大气对地球加以自东向西的应力时，平均地面的西风环流应当弱。因此近地面的平均西风环流在 6 月到 7 月份应当最强，在 9 月至 11 月份应当最弱。对於整个大气的平均西风环流而言，是在 12 月到 1 月西风环流比 6 月至 7 月强（参看表 8·1 的 θ 項）。这說明冬夏（对北半球的冬夏）高空和低空西风环流强度的变化是沿相反的方向进行着。近地面西风环流的加强意昧着大气中角动量的消耗率加强，制造率减低（不計山脈的作用），因此大气中总角动量要减小。近地面西风环流要变弱，意昧着相反的变化。由此我們看出地球自轉和整个大气环流是通过近地面的西风环流相关联着。

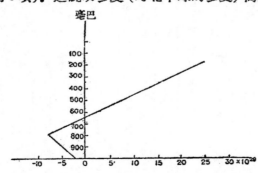

圖 8·2　全球大气單位毫巴厚度中相对角动量的冬夏差值(1月减7月)(單位: 10²⁹ 克·厘米²·秒⁻¹·毫巴⁻¹)[194]

我們可以再根据实际观测記录看一下这个问题，叶篤正[194]最近根据 Mintz[1] 的全球平均緯圈环流記录（圖 1·1），計算了各等压面上單位厚度(1毫巴)的整層大气 u 角动量在 1 月和 7 月的差(圖 8·2),可以看到在 650 毫巴以下平均西風环流的强度是 7 月大於 1 月.

Mintz 的西風环流强度是由'〔压廓綫算出的. Tucker[25] 曾利用地面 (海洋和陸地) 实际風的观测計算了北半球各个緯度帶內冬季和夏季平均西風强度,由 此 可以 得出 冬夏 变化,见表 8·2. Palmén[195] 曾計算了南半球海上平均西風强度.其 7 月与 1 月之差亦列於表 8·2,單位米·秒$^{-1}$,正值表示 7 月西風强於 1 月. 由於南半球記录仅限於 50° 以北,所以在表 8·2 中南北半球平均西風强度的冬夏变化仅計算到 50°. 設南緯 50—70° 的冬夏变化和北緯 50—70°一样,但正負相反,再略去南北緯 70—90° 的变化(和 0—70°比,这塊地区的面积很小),則可看出加权(对 cos φ)平均的实测西風强度也是 7 月大於 1 月.

表8·2 每5个緯度帶內平均地面西風强度冬夏差(單位:米·秒$^{-1}$,7 月减 1 月)

緯 度	65—70	60—65	55—60	50—55	45—50	40—45	35—40	30—35	25—30	20—25	15—20	10—15	5—10	0—5
(a)Tucker[25]值(北半球)	-0.4	-0.5	-0.6	-0.6	-0.7	-1.2	-1.6	-1.5	-0.8	+0.5	+2.0	+3.0	+2.7	+2.0
(b) Palmén[195]值(南半球)				+0.1	+0.6	+1.0	+1.5	+1.7	+0.9	-0.7	-1.9	-2.1	-0.2
(c) 南北半球的平均				-0.3	-0.3	-0.3	0	+0.4	+0.7	+0.6	+0.5	+0.3	+0.9

以上是全球的平均狀态. 但是对於我們感到兴趣的大气环流而言,我們更要知道在不同風帶內地球和大气之間的角动量交换.这就牵涉到地球和大气之間的应力計算問题.这是一个比較困难的問题,一般这个应力可以近似地写成:

$$\tau = \varkappa \rho c^2. \tag{8.9}$$

在上式 τ 的方向正与風向相反. 一般認为 $\varkappa$ 是个常数,但是在不同的地方、不同的時間和不同的情况下所观测到的 $\varkappa$ 也是不同的. 有些事实説明 $\varkappa$ 在 $c=7$ 米·秒$^{-1}$ 的地方有一个迅速的增长[196],但是 τ 和 c 的普遍規律是没有找到的. 因此 τ 的测定是一个困难的問题,这就影响了地球与大气間角动量交换的直接测定.

由於 τ 的测定的困难,有些作者,如 Mintz[197] 間接計算地球和大气間角动量的交换.这当然可以給出交换的量級来. 但是我們还需要直接的测定,因为只有直接比較测定值与計算值,才能看出計算的准确度和理論的正确与否.

Widger[190] 把 τ 取成 0.003, Priestley[195] 取成 0.0013,前者用於大陸和海洋上的平均,后者仅用於海洋上的平均. 虽然两个作者的对象有差异,但是兩个人所取的 $\varkappa$ 相差也太大了. 按 Munk[196] 和 Sverdrup[199] 等在中級和强風下,海上的 τ 为 0.0026 左右. 而按 Deacon[200] 所有情况下的平均为 0.0013. 由此看来 Widger 所取的 τ 显然过高,而 Priestley 所取的 τ 可能偏低.

Priestley[198] 曾以 $\varkappa=0.0013$ 計算了各海面上的平均 τ_x,如圖 8·3. 根据上面的討論圖 8·3 所給的 τ_x 可能偏低. 不过如比較 Priestley 和 Munk[201] 所計算的太平洋上的 τ_x,我們發現他們的数值是相近的. 因此在没有更好的計算时,我們还可以把它当做一个初步的近似.

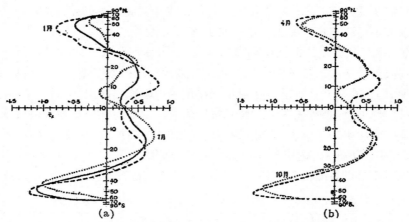

圖 8·3　整个海洋上平均应力($\bar{\tau}_x$,單位是达因·厘米$^{-2}$)的分布[198]
(a)斷綫:1月,点綫:7月,实綫:全年,　(b)斷綫:4月,点綫:10月.

　　根据上圖的 τ_x, Priestley 計算了地球和大气之間角动量的交换,如表 8·3. 表中(+)号表示地球供給大气角动量(自西向东为正),(一)号表示大气給与地球角动量.

表 8·3　各帶地球和大气之間的角动量的交换,單位: 10^{26} 克·厘米^2·秒$^{-2}$=3.15×10^{33}克·厘米^2·秒·$^{-1}$年$^{-1}$. (+)号表示地球供給大气角动量,(一)表示大气供給地球角动量. (A)通过地面磨擦的交换(見 Priestley[207]),(B)通过山脉作用的交换,(C)二者之和

	1月			4月			7月			10月			年 平 均		
	A	B	C	A	B	C	A	B	C	A	B	C	A	B	C
北半球高緯	−2.6	0	−2.6	−1.6	−0.6	−2.2	−0.6	−0.5	−1.1	−1.2	0	−1.2	−1.4	−0.2	−1.6
北半球低緯	+4.0	+0.6	+4.6	+3.5	+0.2	+3.7	+1.2	0	+1.2	+2.0	+0.5	+2.5	+2.5	+0.2	+2.7
南半球低緯	+3.2	−0.8	+2.4	+3.6	−0.3	+3.3	+4.1	−0.2	+3.9	+3.7	−0.5	+3.2	+3.7	−0.5	+3.2
南半球中高緯	−2.8	−0.3	−3.1	−3.1	−0.1	−3.2	−2.8	−0.1	−2.9	−3.2	−0.4	−3.6	−3.0	−0.2	−3.2

　　上表是根据海上 τ_x 和山脉两边气压差計算的結果. 我們知道南半球的陆地不多,这样所得的結果在南半球可以說有代表性. 在北半球因为陆地很多,所以需加以訂正. 这个假定大致是可以接受的,在这个假定下,从表中可以看出以年平均論南半球的正負力矩大致相等. 而北半球的正力矩大於負的,但是北半球的陆地大部集中於中高緯度,所以在这里 Priestley 所用 τ_x 就偏低了. 如果在这帶将 Priestley 的 τ_x 增加 1.8 倍,则在北半球年平均力矩也就是正負相抵了. 这种 τ_x 值的增加完全是可能与合理的,这种改变也几乎等於在中高緯度将 $\varkappa$ 值由 0.0013 提到 0.0023,这个值比 Widger[190]所採用的 0.003 还低. 如果我們也考虑了北半球低緯度帶里的陆地面积,则在这一帶中的力矩要比表 8·3 所給的要大,这样相应地在中高緯度的力矩还要大,这样 $\varkappa$ 就可能接近 0.003 了.

　　以全年論,根据上面的討論,南北半球在角动量的源滙上大致各自是自給自足的. 如果我們考虑了在南半球集中於低緯度的少量陆地,则在表 8·3 中最后一行中的 +3.2 可能稍偏低,这样以年平均而言,南半球的角动量将有剩余(对大气而言),供北半球大气的消耗.

　　就四季来討論,由表中我們可以看出在 1 月南半球大气在中高緯度所消耗的 角 动 量

大於在低緯的所得，因而將有角动量自北半球輸送过来。 在 7 月里南半球的大气在中高緯度所消耗的角动量小於在低緯度的所得，因而將有剩余的角动量向北半球輸送。 在过渡季节里南北兩半球就角动量而言大致是自給自足的。

§3. 角动量的渦旋輸送

在上节里我們討論了地球与大气之間的角动量交换和南北兩半球之間大气角动量的輸送。 在这里我們將討論在北半球大气里角动量的平衡和輸送問題。 对於任何一个区域在一長时期的平均狀态下，它的角动量是要守恆的。 因此在 (8·5) 式中，山脈和摩擦作用要和輸送項相平衡。 在上节已經討論了山脈和摩擦作用，下面將着重討論輸送。

Starr 和 White[202] 曾經以实际測风的記录計算了各高度上 u 和 v 的相关。 他們把 uv 寫成

$$[uv] = [\bar{u}][\bar{v}] + \overline{[u]'[v]'} + [\overline{u'v'}], \qquad (8·10)$$

其中"[ ]"代表对空間（卽对緯圈）的平均，"—"代表对时間的平均。 上式中 $[\bar{v}]$ 代表平均經圈环流，所以 (8·10) 式右边第一項为平均經圈环流对於角动量的輸送。 右边第二項代表由瞬时經圈环流 $[v]$ 的变动与 $[u]$ 的相关而有的角动量輸送。 右边第三項是由於水平交换而引起的渦动輸送。

他們沿北緯 13° 和 31° 各选若干站，对 (8·10) 式右边各項加以計算。 其結果可以总結为以下各点： (1) 渦动項 $[\overline{u'v'}]$ 在三者中是絕对最大的，同时 $[\overline{u'v'}]$ 在北緯 31° 显然相对地比在北緯 13° 大。 在北緯 31° $[\overline{u'v'}] : [\bar{u}]'[\bar{v}]' : [\bar{u}][\bar{v}] = 15.1 : -0.3 : -0.4$ [203]。 在北緯 13° $[\overline{u'v'}] : [\bar{u}]'[\bar{v}]' : [\bar{u}][\bar{v}] = 5.2 : 2.2 : 1.2$ [204]。 (2) 經过北緯 13° 的角动量輸送为 $+8.5 \times 10^{25}$ 克·厘米²·秒⁻²，經过北緯 31° 为 $+31.5 \times 10^{25}$ 克·厘米²·秒⁻²。 以一年論經过北緯 31° 的角动量应为 10.9×10^{33} 克·厘米²·秒⁻¹。 这与上面所提到需要的輸送大致是相同的。 (3) $\rho[\overline{u'v'}]$ 自地面向上增加，約在对流層頂为最大。

UCLA 在 Bjerknes 領导下对於角动量輸送也作了大量計算，但主要是計算地轉风輸送。 Widger[190] 也計算过地轉风对角动量輸送，結果証明地轉輸送和由实測风輸送量級是一样的。 圖 8·4 是 Mintz[206] 对於 1949 年 1 月的地轉角动量輸送分佈圖。 从圖中我們看到輸送最大的地方在北緯 30—35° 的高空。 如果从这張圖計算角动量輸送的輻合、輻散，在最大輸送地帶以南为輻散，以北为輻合。 在近地面的东风帶里有輻合。

我們知道了 u 和 v 的相关是正的，而且自 30° 以北 $[\overline{u'v'}]$ 基本上足以补充了西风帶中角动量的消耗。 因此在 30° 以北总的来說角动量的輸送是依靠大型渦旋来完成的。 現在我們看一下什么形式的渦旋可以完成这种任务。 因为在槽前 $uv>0$，槽后 $uv<0$，所以对於純粹对称的正弦波 $[uv]=0$。 对於一个波动而言，要使得 $[uv]>0$，必需在槽前 $|[uv]|$ 大於槽后的 $|[uv]|$。 我們在天气圖上所常看到的槽

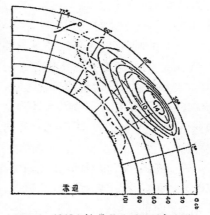

圖 8·4 1949 年 1 月單位厘巴厚度中平均地轉角动量的輸送[197]（單位 10¹⁴ 吨·米²·秒⁻²·厘巴⁻¹）

綫自东北向西南傾斜的槽可以完成这个任务, 这是 Starr[188] 所提出的. Machta[205] 和 Abdulah[206] 对於傾斜槽作过了动力的研究.

叶篤正[102] 指出在某些方面研究大气中涡度的平衡比研究角动量平衡还适宜些. 某个緯度以北的涡度平衡方程可以遂似地写成:

$$\frac{\partial}{\partial t}\int_v \rho\zeta\,dv=-\frac{1}{g}\iint_\varphi v'\frac{\partial u_g}{\partial y}dxdy-\frac{1}{g}\frac{\partial}{\partial y}\iint_\phi v_g u_g\,dxdp. \qquad (8\cdot11)$$

在这个方程中 v' 为經向風的地轉偏差, 这里摩擦項没有考虑, 叶篤正並指出上式右边第一項很小, 而第二項才是主要的. 它代表角动量輸送向北方的遞減率, 因此要使角动量能够輸送到 φ 以北的区域, 使得那里的西風加强, 则不仅要槽綫傾斜, 还要槽綫的傾斜度向北減小、理想的槽脊形式如圖 8·5.

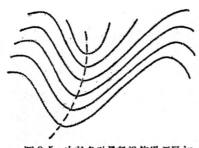

圖 8·5   由於角动量輸送使得西風加强的理想槽脊形式

从上面討論我們看出, 在中高緯度角动量水平輸送的主要机制是大型扰动. 为了深入証明这一点, 我們将 1955 年 12 月和 1956 年 1 月每日沿北緯 30° 和 40° 的 500 毫巴高度 z 以富氏級数表示:

$$z=a_0+\sum_{n=1}^{\infty}\{a_n\cos nx+b_n\sin nx\}.$$

通过某緯圈的角动量輸送则为

$$I=\frac{\Delta p\cdot a\cos\varphi}{\rho}\int uv\,dx=\frac{\Delta p\cdot\pi g^2 a\cos\varphi}{\rho f^2}\sum_{n=1}^{\infty}n(a_n b_{ny}-b_n a_{ny}),$$

其中 $a_{ny}, b_{ny}=\dfrac{\partial a_n}{\partial y}, \dfrac{\partial b_n}{\partial y}$. 由此算出了 1955 年 12 月和 1956 年 1 月通过北緯 35° 各种波長的波所輸送的角动量. 波数为 1,3,5,7,9 五种波所輸送的角动量之比为 143:65:321:35:1. 由此可以看出, 在中緯度角动量主要是以波数为 5 左右的波向北輸送. 波数为 1 的波也有很大輸送的能力, 但根据 Saltzman 和 Peixoto[207] 認为这仅限於較低緯度, 在較高的緯度就只有波数为 5 左右的波为最有效了. 这里的計算和 Saltzman 和 Peixoto 的計算說明了在中高緯大型扰动为水平角动量輸送的基本机制.

上面我們指出, 大型扰动对角动量的水平輸送主要是在高空进行, 而角动量的源匯是在近地面, 因此角动量的垂直輸送是必須存在的了. 叶篤正和邓根云[26] 曾間接計算 1950 年北半球各层 u 角动量的垂直輸送 $(a\int\rho uv\cos\varphi\,d\sigma)$. 結果在北緯 30—60° 一帶通过 850 毫巴这項的总值是 208×10^{24} 克·厘米²·秒⁻², 通过 500 毫巴的总值为 241×10^{24} 克·厘米²·秒⁻², 方向都是向下的. 在同一时期同一帶內山脉和地面摩擦的消耗为 258×10^{24} 克·厘米²·秒⁻². 由此可见, 在中緯度涡旋向下的角动量輸送基本上可以补偿消耗.

在低緯度 u 角动量的垂直輸送也是向下的[217], 同样在 1950 年通过北緯 20—30° 的 700 毫巴的向下涡旋輸送约为 110×10^{24} 克·厘米²·秒⁻². 如果假定这輸送与垂直淌流輸送相当, 则可以估計这一帶的淌流交换 (Turbulent austausch) 系数约为 114 克·厘米⁻¹·秒⁻¹, 这与 Palmén 和 Alaka[208] 的估計很接近.

按照角动量源匯的分佈及其水平輸送分佈来看, 在低緯度需要有向上的角动量輸送.

而这一带的涡旋輸送向下，因此必須有其向上輸送的方法。这將借重於热帶的經圈环流——Hadley 环流，在§5我們將对此再加以討論。

§4. 角动量水平輸送的物理机制

由上节可以看到在角动量的輸送过程中，要將低緯度高空的角动量輸送到高緯度去，需要 u 和 v 有正相关。这种正相关是如何产生的，这个問題是本节的主要对象。

关於这个問題 Starr[188] 和他的同事們[205,206] 認为傾斜槽可以满足 u 和 v 的正相关。但是 u 和 v 的正相关不一定必須是斜槽来完成，它是由什么物理过程發展来的，这是值得研究的問題。Palmén[209] 認为这和地轉偏差有关，我們認为这是正确的，下面是我們提出的看法。

設想在起始时运动是純緯圈的，由第七章我們知道这种运动一定是处於斜压性不稳定狀态。某种适宜的波長的扰动一定可以得到發展。这种不稳定波的發展一定是通过非地轉風而来的。在發展的过程中一方面大气中的斜压不稳定时时使非地轉風得到發展，通过非地轉風，不稳定繼續向前發展。但另一方面气压也时刻去平衡風場，减小非地轉風的成分。为了簡單起見，設想在某时 $t=0$，斜压不稳定的西風环流上發生了一个正弦形的經向运动 $v=A\sin mx$。为簡化計算这种不稳定波对於角动量輸送的作用起見，我們假定在 $t=0$ 时所發生的經向运动完全是非地轉的。此时对於一个波長的平均而言，uv 显然为零。随着时間的發展，流綫槽前西風將增强（因为这里非地轉風 $v>0$）；流綫槽后西風將减弱（这里非地轉風 $v<0$），因此 $\overline{uv}$ 將大於零，角动量的向北輸送就發生了。

上面所提出的角动量向北輸送的产生的机制是在非地轉風的作用下完成的，我們知道一有地轉風存在，必定同时發生气流場和气压場的适应，角动量的向北輸送就是在这种适应过程中完成的。这种机制是否重要，首先要看由这种机制所产生的角动量向北輸送的量級是否合适。設起始时在純粹的西風帶（u_g 为地轉風）上出現了非地轉的經向風 $v=A\sin mx$。經过气压場和風場的适应，最后出現了地轉平衡。我們要計算适应过程中和适应后的角动量向北輸送的情况。

上述問題的詳細計算是比較复杂的，这里我們只將作一个近似的估計。现在假定在某一段时間 Δt 内，气压場維持不变。在此时間內任意一空气質点的軌跡可以由質点动力学求得：

$$\left.\begin{array}{l} \dfrac{du}{dt}=fv, \\[2mm] \dfrac{dv}{dt}=-fu+fu_g. \end{array}\right\} \tag{8·12}$$

其中不变的南北方向气压梯度力以 fu_g 表示。起始条件为

$$t=0, \quad u=u_g, \quad v=v_0.$$

上面联立方程的解为

$$\begin{cases} u=u_g+v_0\sin ft, \\ v=v_0\cos ft. \end{cases}$$

但我們給出 $v_0=A\sin mx$，所以在 $t=\Delta t$ 时，速度場在空間的分佈为

$$u=u_g+A\sin mx\sin f\Delta t,\quad\Big\}$$
$$v=A\sin mx\cos f\Delta t.\qquad\Big\}\qquad(8\cdot13)$$

令在 $t=\Delta t$ 时緯向速度完全与气压梯度平衡,經向速度的一部分(設为 $^1/_4$)为气压場平衡. 由 $t=\Delta t$ 到 $t=2\Delta t$, 我們又設气压場不变,以地轉風表示,这期間沿 y 方向的气压梯度力 为 $f(u_g+A\sin mx\sin\Delta t)$, 沿 x 方向的为 $\dfrac{A}{4}\sin mx\cos f\Delta t$. 以(8·13)为初速分佈,在 $t=\Delta t$ 到 $t=2\Delta t$ 之間的速度場分佈可以求出如下:

$$u=u_g+A\sin mx\sin f\Delta t+\frac{3}{4}A\sin mx\cos f\Delta t\sin ft,\quad\Big\}$$
$$v=\frac{1}{4}A\sin mx\cos f\Delta t+\frac{3}{4}A\sin mx\cos f\Delta t\cos ft.\quad\Big\}\qquad(8\cdot14)$$

在这里起始时間是由 $t=\Delta t$ 算起. 在(8·14)中第 1 式的右边第 3 項为非地轉風,像在 $t=\Delta t$ 时的假定一样. 我們設在 $t=2\Delta t$ 时这部分速度場已被气压場适应平衡, 也就是这时緯向速度已完全为地轉風. (8·14)中的第 2 式的右边第 2 項为非地轉部分. 由於适应结果, 設在 $t=2\Delta t$ 时这部分的 $\dfrac{1}{4}$ 变成地轉風. 以 Δt 代 t, (8·14) 卽成为 $t=2\Delta t$ 时風速的分佈. 再以此时的風速为初速,在和前面相同的假定下,計算 $t=3\Delta t$ 的風速分佈. 这样一步一步地下去,可得最后的風速分佈为:

$$u=u_g+A\sin mx\sin(f\Delta t)\Big[1+\frac{3}{4}\cos(f\Delta t)+$$
$$+\frac{3^2}{4^2}\cos^2(f\Delta t)+\frac{3^3}{4^3}\cos^3(f\Delta t)+\cdots\Big],$$
$$v=A\sin mx\cos(f\Delta t)\Big[\frac{1}{4}+\frac{3}{4^2}\cos(f\Delta t)+$$
$$+\frac{3^2}{4^3}\cos^2(f\Delta t)+\frac{3^3}{4^4}\cos^3(f\Delta t)+\cdots\Big].$$
$$\qquad(8\cdot15)$$

这时对於一个波長 (L) 而言; $\overline{uv}$ 可以求出如下:

$$\overline{uv}=\frac{1}{2}A^2\sin(f\Delta t)\cos(f\Delta t)\Big[1+\frac{3}{4}\cos(f\Delta t)+$$
$$+\frac{3^2}{4^2}\cos^2(f\Delta t)+\cdots\Big]\times\Big[\frac{1}{4}+\frac{3}{4^2}\cos(f\Delta t)+\frac{3^2}{4^3}\cos^2(f\Delta t)+\cdots\Big]=$$
$$=\frac{A^2}{8}\frac{1}{(1-\gamma)^2}\sin(f\Delta t)\cos(f\Delta t),\qquad(8\cdot16)$$

其中 $\gamma=\dfrac{3}{4}\cos(f\Delta t)$. 令 $f=10^{-4}$ 秒$^{-1}$, $\Delta t=1$ 小时,则

$$\overline{uv}=0.46A^2,\qquad(8\cdot17)$$

因此 $\overline{uv}>0$, 完成了角动量的向北輸送. 但在上面所計算的方法下,在适应过程中,需要無限长的时間,气压場与流場才能完全平衡. 也就是(8·15)或(8·16)式在無限长的时間以后才能成立. 但是根据 Rossby 和 Обухов 等人的研究(第三章§3)流場和气压場的适应是非常快的,几个小时两种場基本上就可以适应了. 现在讓我們看看 $t=6\Delta t$ 时的流場分佈, 这时

$$u = u_g + A \sin mx \sin (f\Delta t)\left[1 + \frac{3}{4}\cos (f\Delta t) + \right.$$
$$\left. + \frac{3^2}{4^2}\cos^2 (f\Delta t) + \cdots + \frac{3^5}{4^5}\cos^5 (f\Delta t)\right],$$
$$v = \frac{1}{4}A \sin mx \cos (f\Delta t)\left[1 + \frac{3}{4}\cos (f\Delta t) + \right.$$
$$\left. + \cdots + \frac{3^5}{4^5}\cos^5 (f\Delta t) + \frac{3^6}{4^5}\cos^5 (f\Delta t)\right],$$

$$(8\cdot18)$$

上式中第二式中括号內的最后一項$\left(\frac{3^6}{4^5}\cos^5 (f\Delta t)\right)$代表在經度方向上的剩余的非地轉風. 显然这項和其他各項之和比起来小得很多,所以在$t=6\Delta t$时,風場已經基本上成为地轉風了. 如令Δt为一小时,则扰动以后的 6 小时已接近地轉風場了. 在这个时候

$$\overline{uv}' = \frac{A^2}{8}\sin (f\Delta t)\cos (f\Delta t)\frac{1-\gamma^6}{1-\gamma}\left(\frac{1-\gamma^6}{1-\gamma} + \frac{3^6}{4^5}\cos(f\Delta t)\right) = 0.44A^2$$

$$(\Delta t = 1 \text{ 小时}, \quad f = 10^{-4}秒^{-1}), \qquad (8\cdot19)$$

比較(8·19)和(8·17),我们可以看出在很短的时間里u和v的相关就發展到非常接近最大值($0.46A^2$).

上面所討論的u和v正相关生成的过程是否重要,还在於(8·19)或(8·17)式计算所得的$\overline{uv}$与观測值是否接近. 根据 Buch[27],1950 年的$[\overline{uv}]$(沿緯圈和时间平均)的最大值为 35—40 米$^2\cdot$秒$^{-2}$,發生於 200 毫巴的高度和 30—40° 之間. 向下减小很快,向南北两边也减小很快. 由(8·19)式令$A=10$米$\cdot$秒$^{-1}$,则$\overline{uv}=44$米$^2\cdot$秒$^{-2}$;$A=5$米$\cdot$秒$^{-1}$,则$\overline{uv}=11$米$^2\cdot$秒$^{-2}$. 当不稳定波正在發展,$A=5$—10 米$\cdot$秒$^{-1}$的假定不算过大. 因此我们这里所討論u和v正相关的生成过程是个重要的过程.

§5. 經圈环流的作用

在 §3 中我们看到在北緯 31° 經圈环流对於角动量的輸送比渦动輸送至少小一个量級,而在北緯 13° $[u'v']:\{[u]'[v]' + [\overline{u}][\overline{v}]\} = 5.2:3.4$. 根据叶篤正[102]的计算,在热带經圈环流和渦旋对於維持緯圈环流来說作用是一样的. Palmén 和 Alaka[208] 也得到同样結論. 由此看出在低緯度經圈环流的作用是絕对不能忽略的. 經圈环流的作用不仅仅在於它在总角动量的輸送中的地位,而在於它在角动量平衡中有更重要的动力作用. Palmén 和 Alaka,叶篤正和楊大昇[210]与叶篤正和邓根云[26]在这方面都有过討論.

在 §3 中我们提到角动量輸送最大的地方在高空,而角动量产生的地方在东風帶近地面層. 在近地面層产生的角动量如何輸送上去,在同一节里我们还看到由於水平交換的輸送,在北緯 35° 以南的高空有角动量輻散,这里的角动量如何补償,以維持平衡;在地面的东風帶里有角动量的輻合,这里又是角动量的产生源地,大量角动量的聚集如何輸出以維持东風帶的常定;我们認为这些问题都将借助於經圈环流的作用来說明.

为了充分討論經圈环流的作用,我们不取某緯圈以北的大气为对象,而取东西風界面以北大气为对象. 以东西風界面为南界取常定情况,叶篤正和楊大昇得到下列角动量平衡方程:

$$\Omega a^2 \int \cos^2 \varphi \, \rho \, c_n \, d\sigma + \int \frac{\partial p}{\partial x} a \cos \varphi \, dv + \int \tau_x a \cos \varphi \, ds = 0, \tag{8.20}$$

和(8.5)相比,我們看到在(8.20)式中沒有了 u 角动量的輸送[卽(8.5)右边第1項],反而出現了相当於(8.5)右边第2項的 Ω 角动量的輸送。这是因为在我們所取的面上 $u=0$,而在这个面上 $\cos \varphi$ 不是常数,这使 Ω 角动量的輸送变为可能了。

由(8.20)式我們發現过去我們認为对於总角动量平衡不起作用的平衡經圈环流,反而是平衡山脉和摩擦消耗的唯一作用了。叶篤正和楊大昇認为下述的过程可以完成这种輸送。通过东西風交界面东風帶里的大气在高空流到西風帶去,西風帶里的大气在低空流到东風帶去,这样才維持了东西風空气質量的不变。而由於东西風的交界面是自北到南向上傾斜,因此 $\cos^3 \varphi$ [(8.20)式第一項]的关系 Ω 角动量就自东風帶輸送到高空西風帶里去了。应当指出的这种过程还不完全,因为純粹鉛直运动不能解釋东風帶空气如何穿过东西風界面而改成具有西風角动量的空气,西風帶里的空气如何穿过界面而改成具有东風角动量的空气。因此我們認为穿过界面自东風帶到西風帶的空气必須同时具有向上和向北的分量,自西風帶到东風帶必須同时具有向下和向南的分量。

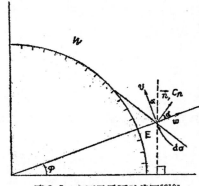

图 8.6　东西風界面示意圖[210]

下面我們可以計算一下完成所需的角动量輸送的平均經圈环流的强度。由东西風界面示意圖(圖 8.6)可以得出

$$c_n = v \sin \alpha + w \cos \alpha,$$

代入(8.20)式第一項,並設东西風的界面高度为 20 公里,它在地面的平均緯度为 35°,在 20 公里的高度上緯度为 5°,並且略去 w 項后,代入(8.14)的第1項,則得

$$24.7 \times 10^{29} \overline{\rho v \cos \varphi} = -\left[\int \frac{\partial p}{\partial x} a \cos \varphi \, dv + \int \tau_x a \cos \varphi \, ds \right].$$

將 Widger[190] 所計算的在北緯 35—75° 区域中由山脉和摩擦的消耗代入上式,得

$$\overline{\rho v \cos \varphi} = 1.1 \times 10^{-3}. \tag{8.21}$$

在(8.21)式中,叶篤正和楊大昇[210]曾在 $\cos \varphi \approx 1$ 的情况下得出 $\overline{\rho v}$ 的量級。这种方法是有錯誤的。正确的方法应該是

$$\overline{\rho v}(\cos \varphi_1 - \cos \varphi_2) = 1.1 \times 10^{-3},$$

其中 φ_1 为經圈环流中南風帶的平均緯度,φ_2 为經圈环流中北風帶的平均緯度。由我們所选用的数据可以設 $\varphi_1 = 18°$,$\varphi_2 = 26°$。代入上式並令 $\rho = 10^{-3} - 10^{-4}$,得 $\bar{v} = 1.2 \times 10^1 - 1.2 \times 10^2$ 厘米·秒$^{-1}$,同样方法可以估計出 w 的量級为 $1.5 \times 10^{-1} - 1.5 \times 10^0$ 厘米·秒$^{-1}$,这样所得到的經圈环流强度量級和第一章中所給的完全相合。

叶篤正和邓根云[26]曾利用 Buch[27] 的記录計算了 1950 年北半球角动量的平均輸送。圖 8.7 是叶篤正和邓根云所繪的平均角动量輸送流綫圖。由圖中可以看出在东西風界面的地方角动量輸送流綫几乎是垂直的,由此可見前节所提的經圈环流將具有較大 Ω 角动量的空气在上升气流中(近赤道)帶到高空西風帶,同时把具有較小 Ω 角动量的空气

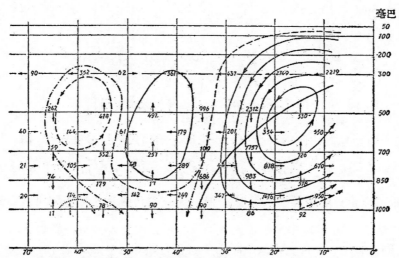

圖 8·7 1950 年平均角动量輸送流線圖[26]. 單位: 实線每根 500×10^{24} 克·厘米²· 秒⁻², 断線每根 250×10^{24} 克·厘米²·秒⁻², 点断線每根 125×10^{24} 克·厘米²·秒⁻², 点 線每根 10×10^{24} 克·厘米²·秒⁻², 圖中粗实線表示角动量水平經向輸送的零線

在下降气流中(距赤道較远)帶到东風帶去. 这样就有一淨余的角动量自东風帶輸送到低 緯的高空西風帶里去. 在那里大型渦旋再將它輸送到中、高緯度去. 这样就解釋了上面 所提出的几个問題.

§6. 緯圈环流的季节变化

前面我們的对象是長年平均狀态, 这里我們將討論一年之中的季节变化. 以某緯度 (例如 30°)以北的大气为对象, 角动量平衡方程为[210]

$$\frac{\partial}{\partial t} \int \rho u a \cos \varphi \, dv + \frac{\partial}{\partial t} \int \Omega a^2 \cos^2 \varphi \, \rho \, dv = a \cos 30° \int \rho uv \, d\sigma + \Omega a^2 \cos^2 30° \int \rho v \, d\sigma +$$

$$+ \int \frac{\partial p}{\partial x} a \cos \varphi \, dv + \int \tau_x a \cos \varphi \, ds. \tag{8·22}$$

上式中左右兩边的第二項可以分別写作

$$\Omega a^2 \frac{\partial}{\partial t} \int \cos^2 \varphi \, dm \qquad 和 \qquad \Omega a^2 \cos^2 30° \frac{\partial}{\partial t} \int dm.$$

前者的意义是由質量变化而产生的 Ω 角动量的变化, 后者的意义是由質量經过北緯30° 的輸送而引起的 Ω 角动量的变化. 我們知道自夏至冬北半球的大气質量是增加的, 所以后 一項是正的. 因为在我們的区域里 $\varphi \geqslant 30°$, 所以 $\frac{\partial}{\partial t} \int \cos^2 \varphi \, dm < \cos^2 30° \frac{\partial}{\partial t} \int dm$. 所以 自夏至冬由於南北質量輸送而帶到北方的 Ω 角动量, 除一部分用於增加北方大气角动量 外, 还余一部分可以供摩擦消耗或增加西風風速之用. 自冬至夏反之. 南半球与北半球 相反. 但是由下面的計算可以看出, 这种作用只能解釋西風环流强度年变的一小部分.

为了研究西風帶强度季节变化的主要原因, 我們將(8·22)式对时间积分, 积分界限为 7 月到 1 月, 則得

$$a\left[\int_{1月}\rho u\cos\varphi\,dv-\int_{7月}\rho u\cos\varphi\,dv\right]_{北緯30°以北}+\Omega a^2\left[\int_{1月}\cos^2\varphi\,dm-\int_{7月}\cos^2\varphi\,dm\right]_{北緯30°以北}=$$

$$=\Omega a^2\cos^2 30°\int_{7月}^{1月}dt\int\rho v\,d\sigma+a\cos 30°\int_{7月}^{1月}dt\int\rho uv\,d\sigma+$$

$$+\left[\int_{7月}^{1月}dt\int\frac{\partial p}{\partial x}a\cos\varphi\,dv+\int_{7月}^{1月}dt\int\tau_x a\cos\varphi\,ds\right]_{北緯30°以北}. \tag{8.23}$$

上式左边第一方括号內的兩項可由 Mintz[1] 所給的西風風速分佈計算,第二方括号內的兩項可由1月和7月的地面平均圖*)算出.左边第一項的 $\int_{7月}^{1月}dt\int\rho v\,d\sigma$ 可以写成 $\left[\int_{1月}dm-\int_{7月}dm\right]$,也可以由地面平均圖**)算出. 对於上式右边最后兩項我們可以由表8.4計算.在§2里我們指出,在北半球中高緯度里地面应力項過於偏小,表中值乘以1.8才比較合适.乘以1.8后则1,4,7,10各月北半球中高緯度的总力矩(表中 A,B 之和)各为 $-4.7,-3.4,$ -1.6 和 -2.2×10^{16}克·厘米^2·秒$^{-1}$。由此可以算出由7月到1月北半球中高緯大气損失 4.25×10^{33}克·厘米^2·秒$^{-1}$單位角动量. 将这些計算結果代入(8.23)式各項得到

$$a\left[\int_{1月}\rho u\cos\varphi\,dv-\int_{7月}\rho u\cos\varphi\,dv\right]_{北緯30°以上}=3.03\times10^{32}\text{克·厘米}^2\cdot\text{秒}^{-1},$$

$$\Omega a^2\left[\int_{1月}\cos^2\varphi\,dm-\int_{7月}\cos^2\varphi\,dm\right]_{北緯30°以上}=0.77\times10^{32}\text{克·厘米}^2\cdot\text{秒}^{-1},$$

$$\Omega a^2\cos^2 30°\int_{7月}^{1月}dt\int\rho v\,d\sigma=1.27\times10^{32}\text{克·厘米}^2\cdot\text{秒}^{-1},$$

$$\left[\int_{7月}^{1月}dt\int\frac{\partial p}{\partial x}a\cos\varphi\,dv+\int_{7月}^{1月}dt\int\tau_x a\cos\varphi\,ds\right]_{北緯30°以上}=-42.50\times10^{32}\text{克·厘米}^2\cdot\text{秒}^{-1}.$$

将上列数字代入(8.23)式,可以算出 $a\cos 30°\int_{7月}^{1月}dt\int\rho uv\,d\sigma=45.27\times10^{32}$克·厘米^2·秒$^{-1}$。可以看出这个数据与 Starr 和 White[211] 等用風直接計算的结果相合。

我們也可以把 (8.23) 式对时间积分的上下限对换,以討論自冬至夏的情况。这样 (8.23) 式左边兩項和右边第一項的数值仍和前面一样,不过换了正負号。在这段时间里山脈在应力的消耗为 -51.25×10^{32}克·厘米^2·秒$^{-1}$,由此可以求出 $a\cos 30°\int_{1月}^{7月}dt\int\rho uv\,d\sigma$ 为 48.72×10^{32}克·厘米^2·秒$^{-1}$.

由上面我們可以看出大气中的角动量的平衡是有着季节变化的。同时我們还看出自夏至冬和自冬至夏不是走着完全相逆的过程。因为在两个半年里角动量的輸送和消耗是不相等的。消耗量和輸送量都是自冬至夏比自夏至冬来得大。

对於北半球中高緯的西風环流强度变化来說,我們看到 Ω 角动量的轉換(0.50×10^{32}

*) 应该指出,在这类計算中我們应该用場面气压,不应该用訂正到海面的气压。但是这种代替不致影响到量級。
**) 同上。

克·厘米²·秒⁻¹)只能解释 u 角动量变化(3.03×10³² 克·厘米²·秒⁻¹)的一小部分(约17%),其余的大部分是由 u 角动量输送与消耗两者微小的差余来补充.

由表8·3我们可以看出北半球中高纬山脉作用(B项)消耗的角动量在夏季(7月)大於冬季(1月),然而地面摩擦(A项)的消耗冬季大於夏季. 二者总的消耗是冬季大於夏季. 既然消耗率自夏至冬增加,角动量向北输送率也要自夏至冬增加. 向北输送得多,北半球低纬角动量的制造率也得自夏至冬增加. 由表8·3我们看出在这里7月中的制造率为 1.2×10²⁶ 克·厘米²·秒⁻¹,1月中的制造率增到 4.8×10²⁶ 克·厘米²·秒⁻¹,几乎大了4倍. 低纬近地面层的制造率大了,这里向上输送的机能也得相应地增大. 这在第一章里我们已看到过在低纬度向上输送角动量的机构——Hadley 环的强度冬季比夏季要大.

§7. 纬圈环流维持的机制

以上我们给出了角动量输送的实际情况,并讨论了它们的一些物理过程,这些讨论对纬圈环流的维持提供了一个合理的说明.

地球表面是经常对大气加以应力的,如果没有其他作用,则大气将和地球成为刚体转动,大气里就不会存在目前所观测到的风带. 我们知道东风带是角动量的制造区,西风带是角动量的消耗区,要维持东、西风带的常定状态,必得将东风带取於地球的角动量输送到西风带去再还给地球. 这种角动量的输送在中高纬度基本上是由大气中的大型涡旋完成的,在低纬度则由大型涡旋和平均经圈环流共同完成.

事实告诉我们在东风带不但是角动量的制造地,并且水平涡旋输送在这里形成角动量的辐合,垂直涡旋也把角动量向下输送,因此大型涡旋的输送不但不能维持东风,反而有破坏东风带的动力作用. 在低纬度近地面层既有大量角动量的辐合,而在高空又观测到强大的角动量辐散,所以要维持低纬度纬圈环流的平衡,就需要把低空的角动量带到高空去,这将借助於平均经圈环流的一环(Hadley 环)来完成.

Hadley 环在低层的具有北风的空气经常取得东风带所制造的角动量,在这种空气的向南运行中 u 角动量减少,Ω 角动量增加,然后这种空气再借 Hadley 环的上升气流将大的 Ω 角动量带到高空.当它穿过东西风界面时 u 角动量减为零,穿过界面后的空气将随着 Hadley 环的南风向北运行,这时必定 Ω 角动量逐渐减少,而 u 角动量逐渐增加. 然后再借 Hadley 环北支的下降气流将小的 Ω 角动量空气带到东风带低空.我们注意在这种 Ω 和 u 角动量的转换过程(虽然它们的转换机制还不明了)中,一方面可以把低空聚集的 u 角动量输送到高空,另一方面由於东西风的界面是自北向南升高的,所以在高空自东风带进入西风带的空气比在低空从西风带进入东风带的空气具有较大的 Ω 角动量,因此有净余的角动量从东风带转送到低纬度的高空西风带(然后再依赖大型涡旋的作用向北输送).

另一方面在30°以南有了通过经圈环流的角动量的垂直输送,才满足了角动量水平输送在高空最大的要求,这种水平输送在 30° 以北是向北的,它基本上是由大型涡旋来完成的. 由於在我们的地球大气里,西风风速的垂直切变经常使得西风带呈现不稳定的状态,在这种不稳定的状态里,一有扰动发生,适宜波长的大型涡旋就会得到发展. 在这种大型扰动中必有相当程度的经向非地转风,伴随着南风的西风将加强,伴随着北风的西风将减弱. 因此随着大型扰动的发展,产生了 u 和 v 的正相关,也就产生了 u 角动量的向北输送,这种輸送維持了中、高緯度的高空西風环流.

在中、高緯度地区,这种在高空向北輸送的角动量又借助於垂直方向的湍流輸送順着西風風速的垂直梯度,由高空流到低層,維持地面西風帶里角动量的消耗,使得地面的西風帶能够維持常定狀态.

因此,由角动量平衡原理可以对大气环流緯圈風系的維持提供一个比較完整的輪廓,然而也必須指出無論是大型涡旋和平均經圈环流都是大气环流本身的一員,它們和緯圈風系都是同时出現的相互制約的現象. 这里所揭露的机制只說明就平均狀态而言,大气內部的这些現象如何在地球自轉和地面摩擦的外在因素作用下取得互相协調的統一.

第九章 大气中动能的平衡

前一章中我們討論了大气中角动量的平衡，在这一章中我們將討論大气运动的另一个屬性的平衡，也就是大气的动能的平衡。这个問題也是大气环流中的一个关鍵問題。关於这个問題的討論近年来逐漸增多，Starr[211,212]，Charney[213]，郭曉嵐[214]，van Mieghem[215]，荒川秀俊[216]，叶篤正[217] Lorenz[218]，Phillips[82] 和 White[219] 等都对它有过討論。

这个問題的关鍵是太陽輻射能如何維持地球大气上的風系的动能。太陽輻射能直接的造成了大气的位能和內能，Margules[220] 称为总位能。但並非整个总位能都轉变为动能，而只有一部分位能可以轉换为动能，这部分位能称为有效位能 (Available potential energy)。这种有效位能基本上产生于大气低層不均匀的加热，它通过一定的物理过程轉换为动能；但是摩擦作用也是在低空最大，它將大量地消耗动能，然而必有动能的淨值輸送到高空来維持高空大气运动的消耗。因此在本章中我們將从低空动能的产生和消耗来开始討論大气环流动能的維持問題，並对緯圈环流动能的轉换和維持予以探討。

§1. 平均运动場的动能平衡方程

將三个运动方程各乘以 u, v 和 w，然后相加即得

$$\frac{d}{dt}\left(\frac{u^2+v^2+w^2}{2}+gz\right)=-\frac{1}{\rho}\left(u\frac{\partial p}{\partial x}+v\frac{\partial p}{\partial y}+w\frac{\partial p}{\partial z}\right)+(uF_x+vF_y+wF_z), \qquad (9\cdot1)$$

其中 F_x, F_y 和 F_z 各为 x, y 和 z 方向上的摩擦力，其余符号和前章所用的相同。上式也可以用积分的形式写成为：

$$\frac{\partial}{\partial t}\int K d\tau=-\int K c_n\, ds-\int \rho g w\, d\tau-\int \mathbf{c}\cdot\nabla p\, d\tau+\int \rho\, \mathbf{c}\cdot\mathbf{F}\, d\tau, \qquad (9\cdot2)$$

其中 $K=\frac{\rho}{2}(u^2+v^2+w^2)$ 为單位体积的动能，$\mathbf{c}$ 为合成風速；$\mathbf{F}$ 为合成摩擦力；n 为 ds 的法綫，向外为正。

$(9\cdot2)$ 式右边的第一項为輸送項。第二項代表势能的轉换。第三項又可写成

$$-\int \mathbf{c}\cdot\nabla p\, d\tau=-\int p\, c_n\, ds+\int p\, \text{div}\, \mathbf{c}\, d\tau. \qquad (9\cdot3)$$

上式右边第一項为外界对该体积中的大气所作的功，第二項代表由於压縮內能轉换成的动能。$(9\cdot2)$ 式右边的第四項代表摩擦消耗。

对於整个大气来说，$(9\cdot2)$ 式可以写成[217]

$$\frac{\partial}{\partial t}\int K d\tau=\frac{c_p}{c_v}\int p\, \text{div}\, \mathbf{c} d\tau+\int \mathbf{c}\cdot\mathbf{F}\, d\tau, \qquad (9\cdot4)$$

其中 c_p 和 c_v 各为空气在等压和等容的比热。总的来说，$\int \mathbf{c}\cdot\mathbf{F}\, d\tau<0$，所以在常定狀态下，$\int p\, \text{div}\, \mathbf{c} d\tau>0$。上式說明流体可压縮性的重要，它是势能和內能轉变为动能的媒介，在没有可压縮性的大〔中，自能量的观点来看运动就成为不可能的了。

要使 $\int p \operatorname{div} \mathbf{c}\, d\tau > 0$，則在平均情况下，大气在高压的地方膨脹，在低压的地方压縮．利用連續方程和位溫 (θ) 公式可以得到

$$C \int p \operatorname{div} \mathbf{c}\, d\tau = \frac{1}{A}\, \frac{c_p}{c_p - c_v} \int p^{\frac{c_p - c_v}{c_p}}\, \rho\, \frac{d\theta}{dt}\, d\tau,$$

其中 $A = \frac{1}{R} p_0^{\frac{c_p - c_v}{c_p}}$．如使上式为正，則在平均情况下热源处在高压，冷源处在低压，这就是 Sandström 的定理．

上面討論的物理解釋也是簡單的．將連續方程代入 $(9\cdot4)$ 式，則得

$$\frac{\partial}{\partial t} \int K\, d\tau = -\frac{c_p}{c_v} \int RT\, \frac{d\rho}{dt}\, d\tau + \int \mathbf{c} \cdot \mathbf{F}\, d\tau, \tag{9·5}$$

如使上式右边第一項为正，則在时间和空间上 T 和 $\frac{d\rho}{dt}$ 有負相关．空气密度的变化主要由垂直运动而来，因此 T 和 $\frac{d\rho}{dt}$ 的負相关基本上是在平均情况下暖空气上升，冷空气下降；也就是在大气中正环流要多於逆环流，以施放有效位能．

§2. 对流層下半部平均运动場中的动能制造与消耗

如前节所述动能的計算量是很大的，因为它是非綫性項，必須由瞬时的記录加以計算，由平均运动場計算出来的动能不能代表平均动能．Spar[221] 曾經計算过平均狀态大气的动能，叶篤正和徐淑英[222] 曾計算过对流層上半部的平均动能．兩者相比，后者較前者几乎大一倍．动能的制造和消耗也同样如此，不能以平均狀态大气中的制造和消耗代表大气中动能的平均制造和消耗．然而为了了解大气中动能的制造和消耗的量级，而不牽涉到大量的計算，我們只能暂时满足於平均狀态大气中消耗和制造的計算．在計算北半球的热源和热匯的工作中，朱抱眞[28] 曾經計算了北半球 1 月和 7 月地面（实测）700 毫巴和 500 毫巴的平均風場及輻散場，根据这些資料和地面平均气压場，最近作者[223] 計算了 1 月及 7 月北半球 500 毫巴以下的平均大气动能的制造和消耗．

因为大气的动能基本上来自水平运动，所以我們只計算水平运动的动能制造和消耗就可以了．如将 F_x 和 F_y 各写成

$$F_x = \frac{1}{\rho}\, \frac{\partial}{\partial z}\left(\mu \frac{\partial u}{\partial z}\right), \qquad F_y = \frac{1}{\rho}\, \frac{\partial}{\partial z}\left(\mu \frac{\partial v}{\partial z}\right),$$

其中 μ 为垂直方向上的湍流粘滯系数 (Coefficient of turbulent viscosity)，則水平运动动能 $\left(K_h = \frac{\rho}{2}(u^2 + v^2)\right)$ 方程为

$$\frac{\partial}{\partial t} \int K_h\, d\tau = -\int K_h c_n\, ds - \int \left(u \frac{\partial p}{\partial x} + v \frac{\partial p}{\partial y}\right) d\tau - \int \mu \left[\left(\frac{\partial u}{\partial z}\right)^2 + \left(\frac{\partial v}{\partial z}\right)^2\right] d\tau +$$
$$+ \int \mu \left(u \frac{\partial u}{\partial z} + v \frac{\partial v}{\partial z}\right)_u d\sigma - \int \rho \varkappa c_0^3\, d\sigma_0. \tag{9·6}$$

在上式中下角 u 代表积分体积的上界，σ 为上界面积，c_0 为地面風速，σ_0 为积分体积的地面面积．这里我們将 $\mu\left(u \frac{\partial u}{\partial z} + v \frac{\partial v}{\partial z}\right)$ 代以由表面摩擦 (Skin-friction) 力所作的功率，$\varkappa$ 为表面摩擦系数．$(9\cdot6)$ 式右边最后一項为地面摩擦消耗率，第三項为自由大气

中的湍流消耗 (Turbulent dissipation) 率. 第二項代表气压梯度的功率. 倒数第二項代表上層对所討論的大气所作的功率.

讓我們从(9·6)式右边最后一項开始. 这項計算中最大的問題是 $\varkappa$ 的选择,在第八章中我們也遇到了这个問題,对於 $\varkappa$ 的 变化在那章里有过討論. 这里我們在大陆上取 $\varkappa=0.003$,在海上取 $\varkappa=0.0013$. 根据这样 $\varkappa$ 的分佈,平均来說由表面摩擦的动能消耗在海上比陆上要大得多. 最大的地方在低緯度的海洋上,冬夏都是如此. 这可能是由於我們所取的是平均运动場的原故. 在低緯度风場比較稳定,因而合成风力 c_0 大. 在高緯度,风場比較不稳定,合成风力就較小. 並且由(9·6)式可以看到这項和 c_0^3 成比例,所以 c_0 的大小作用很大,它的誤差所引起的誤差也較大.

單位面积上由表面摩擦而来的动能消耗率见圖 9·1. 由圖中我們看出在北緯 40° 以北冬季消耗率大於夏季,北緯 40° 以南夏季大於冬季. 以北緯 10° 处的消耗为最大,冬夏都是这样. 自北緯 0—77.5° 面积內总消耗率在 1 月为 170×10^{18} 尔格·秒$^{-1}$,在 7 月为 250×10^{18} 尔格·秒$^{-1}$,夏季大於冬季. 平均每單位面积(厘米^2)的消耗率在 1 月約为 70 尔格·秒$^{-1}$,在 7 月約为 100 尔格·秒$^{-1}$,以速度变化表示,则由表面摩擦平均每日可使 500 毫巴以下的大气在 1 月减速 1.6 米·秒$^{-1}$,在 7 月减速 1.9 米·秒$^{-1}$.

现在讓我們討論 (9·6) 式右边的第三項,这項屬於大气中的湍流消耗.它是这样計算的:以地面到 700 毫巴的风速垂直切

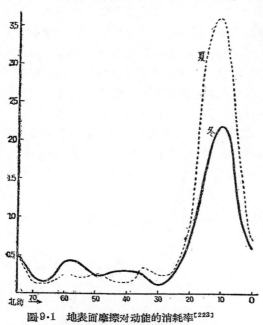

圖9·1 地表面摩擦对动能的消耗率[223]
(單位: 10^2 尔格·秒$^{-1}$·厘米$^{-2}$)

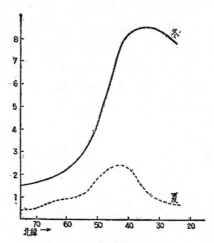

圖9·2 湍流对动能的消耗[223]
(單位: 10^2 尔格·秒$^{-1}$·厘米$^{-2}$)

变代表 700 毫巴以下平均,700 毫巴到 500 毫巴的切变代表 700 毫巴到 500 毫巴的平均. 由於这項是个二次項,所以这样的算法显然偏低: 式中的 μ 取作 100 克·厘米$^{-1}$·秒$^{-1}$. 大气湍流对动能的消耗,在冬季北半球有三个最大的区域,一个在日本以南,一个在北美东岸,另一个在非洲. 这三个大区都多正在急流的位置上. 这三个大区的轴也是东西向顺着西风急流的轴. 在三个大区中以日本以南的为最强,我們知道在冬季北半球的急流也以这里最为强大. 到了 7 月最大区域有显著的北移,經度位置和 1 月比較变化不大. 夏

季强度显然比冬季小得多。1月和7月單位面积上的湍流消耗率見圖9·2。由圖中显然看出在1月北緯35°附近的湍流消耗最大，在7月最大消耗帶移到了北緯42°附近。北緯22.5—77.5°面积內500毫巴以下的总湍流消耗率在1月和7月各約为880×10^{18}尔格·秒$^{-1}$和190×10^{18}尔格·秒$^{-1}$，單位面积（厘米^2）的平均各約为580尔格·秒$^{-1}$和130尔格·秒$^{-1}$。以速度变化表示，湍流消耗每日可使500毫巴以下的大气在1月减速4.4米·秒$^{-1}$，在7月减速2.1米·秒$^{-1}$。

上二項之和为500毫巴以下北緯22.5—77.5°大气的动能总消耗率，在1月里約为950尔格·秒$^{-1}$·厘米$^{-2}$，每日减速約为4.5米·秒$^{-1}$；在7月里約为150尔格·秒$^{-1}$·厘米$^{-2}$，每日减速約为2.2米·秒$^{-1}$。Haurwitz[224]对於單位面积（厘米^2）整个大气柱中动能消耗率的估計为2×10^{-4}瓦特或2,000尔格·秒$^{-1}$，对於一半大气来說应为1,000尔格·秒$^{-1}$。约等於我們冬季的計算。Brunt[52]对於整个大气柱动能消耗率的估計为5×10^{-4}瓦特，一般認为Brunt的估計是过高的，考虑到我們的資料来自平均的运动場，可以認为我們的計算至少在量級方面是正确的。

(9·6)式右边倒数第2項代表500毫巴以上的大气对其以下的空气由內摩擦所作的功率，是产生动能的一項。在自由大气里风速一般是向上增加的，所以它是正的，也就是上面空气通过內摩擦对下面空气做了功。在实际計算中，我們将700毫巴到500毫巴間风的平均切变作为500毫巴上的切变，μ仍取作100克·厘米$^{-1}$·秒$^{-1}$。內摩擦功率的分佈和湍流消耗功率的分佈很相似，也有三个最大区，位置和冬夏的变化都和湍流消耗相似。單位面积上的这項功率如圖9·3，由圖中我們可以看出冬夏巨大的变化，冬季有两个最大，一在北緯32°，一在北緯50°，可能是两支急流存在的原因，而夏季只有一个最大在北緯45°，冬夏强度变化最大。北緯22.5—77.5°帶內的总值在1月和7月各約为900×10^{18}尔格·秒$^{-1}$和210×10^{18}尔格·秒$^{-1}$。以單位面积（厘米^2）計算，在1月和7月各約为590尔格·秒$^{-1}$和140尔格·秒$^{-1}$。以速度变化表示，在1月每日可增速4.5米·秒$^{-1}$，在7月每日可增速2.2米·秒$^{-1}$。

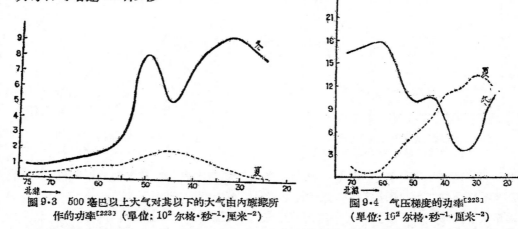

圖9·3 500毫巴以上大气对其以下的大气由內摩擦所作的功率[223]（單位：10^2尔格·秒$^{-1}$·厘米$^{-2}$）

圖9·4 气压梯度的功率[223]（單位：10^2尔格·秒$^{-1}$·厘米$^{-2}$）

最后讓我們討論(9·6)式右边第二項。显然这項計算必需利用实测风速，利用地轉风它就等於零了。在上面所用的資料中只有地面风为实测风，所以我們只能計算近地面層的气压梯度功率。不过我們知道要維持質量的平衡或气压系統的常定，$\left(u \dfrac{\partial p}{\partial x} + v \dfrac{\partial p}{\partial y} \right)$

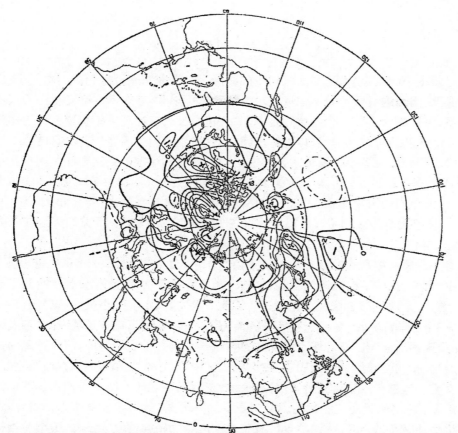

圖 9·5 北半球对流层下半部平均大气动能的净生产率[223] (1 月)(單位: 10³ 尔格·秒⁻¹·厘米⁻²)

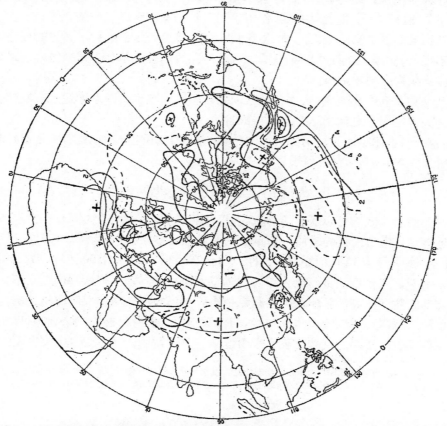

圖 9·6 北半球对流层下半部平均大气动能的净生产率[223] (7 月)(單位: 10³ 尔格·秒⁻¹·厘米⁻²)

的符号必須上下相反，也就是在大气的中間某層上風場非常接近地轉風。这一層应該接近 500 毫巴，因为这層接近於無輻散層。於是我們可以假定在 500 毫巴面上的气压梯度功率很小，可以略去不計。在这个假定下，我們再假設气压梯度功率自地面向上作綫性的减小到 500 毫巴为零，我們就可以計算出 (9·6) 式右边的第二項了。 500 毫巴以下气压梯度功率的水平分佈在冬季有两个主要的中心，位於亞洲堪察加半島和北美洲勒布拉托半島。 到了夏季变化很大，分佈比較零乱。 單位面积上的气压梯度功率見圖 9.4。 由 22.5—77.5° 緯度带内的总功率在 1 月和 7 月各约为 $1,700 \times 10^{18}$ 尔格·秒$^{-1}$ 和 $1,200 \times 10^{18}$ 尔格·秒$^{-1}$。 以速度增加表示的气压梯度功率在 1 月里每日可增速 8.7 米·秒$^{-1}$，在 7 月里可增速 5.4 米·秒$^{-1}$。

以上是造成动能产生或消耗的每項單独的作用，我們现在看一看 500 毫巴以下大气动能淨生产率（正为产生，負为消耗）的分佈。圖 9·5 是 1 月的情况。圖中有几个有意思的现象：第一，最大（正）区域都在北緯 50° 以北。第二，圖中有三个最大（正）区，一个在亞洲东岸，一个在美洲东岸，另一个在欧洲的白海附近（在格陵蘭也有了最大区，不过这里地势很高，用平均海面气压場計算 (9·6) 式的右边第二項是很成問題的，所以这里的最大是不可靠的）。按强度和所佔的面积論，三个最大区中以北美东岸和亞洲东岸为主要，欧洲白海为次要。这三个地区也正是天气圖上扰动最容易加深的地区。既然在这些地区动能产生得最多，也必然就在这些地区动能向上輸送得最多，因此从能量观点来看，高空扰动容易在这些地区發展，实际上这些地区也正是高空平均槽的位置。冬季三个平均槽中以北美东岸和亞洲东岸的为强，白海的弱，这也和圖中三个最大区的强度之比相适应。

到了 7 月（圖 9·6）情况就变了，首先我們看到北美西海岸有个最大（正）区，这正是夏季里大气扰动容易加深的地区。 其次我們看到 7 月里的分佈远比 1 月里的分佈为均匀，最大区不显著，实际上在夏季里大气扰动容易加深的地区远不如冬季来得明显，这正和計算的动能产生率分佈相适合。

圖 9·5 和 9·6 中也有負区，这些地区动能的不足应該由其四週傳送过来补充，以維持平衡。这些地区应該是扰动不容易發展的地区。

必須指出，上述平均大气动能产生和消耗的計算所用的方法和資料都是很粗略的，因此只能看作实况的第一近似而已。

§3. 大气动能的上下和南北的傳送

从上面的討論我們可以看出，平均运动場在北緯 22.5—27.5° 内 500 毫巴以下所产生的动能远远超过它所消耗的动能。以單位切面面积的空气柱来看，总消耗*) 在 1 月为 950 尔格·秒$^{-1}$，在 7 月为 150 尔格·秒$^{-1}$。而总的生产率在 1 月为 1,790 尔格·秒$^{-1}$，在 7 月为 940 尔格·秒$^{-1}$。当然应当注意到由平均运动場所求出的动能生产率和消耗率不能代表大气的平均动能生产率和消耗率，但若假定平均运动場的消耗率和实际的消耗率之比与平均运动場的产生率和实际的产生率相当，则在低空大气里有动能的剩余，相对地在高空大气中必定有动能的不足。从物理观点来看这是容易理解的。 由於近地面的摩擦，在低空

---

*)在这里我們应当指出，在 (9·6) 式中我們没有計算大型水平湍流項，因为大型水平交换系数 A 不易确定. Phillips[82] 將它取成 10^5 米^2·秒$^{-1}$，如取此值，則由这項所引起的动能消耗是很小的，可以略去.

大气里必然有自高压向低压的运动分向，这就是作功制造动能．　相反地，要維持气压系統的平衡，在高空就得由从低压向高压的运动分向，於是要消耗动能．下面动能的过剩經过某些物理过程傳送到高空以补偿上面的不足，同时完成了动能的平衡．

　　下層大气的动能如何傳到上層大气去呢，这里我們提出一个可能的物理过程．　对於某高度以上的大气的总垂直运动动能 $\left(K_v = \dfrac{\rho}{2} w^2\right)$，我們有下面的方程：

$$\frac{\partial}{\partial t} \int K_v \, d\tau = -\int K_v c_n \, ds - \int w \frac{\partial p}{\partial z} \, d\tau - \int g\rho w \, d\tau =$$

$$= -\int K_v c_n \, ds - \int (wp)_u \, d\sigma + \int p \frac{\partial w}{\partial z} \, d\tau - \int g\rho w \, d\tau. \tag{9·7}$$

在这里我們略去了湍流摩擦項，因为对垂直运动它的消耗是非常小的．　在常定情况下，(9·7)式的左边为零，右边第一項也非常小，可以略去，於是剩下的三項相平衡．其中的第一項 $-\int (wp)_u \, d\sigma$ 代表上下層大气能量交换的媒介，它代表上層大气对下層大气所作的功．当它大於零时，上層大气对下層大气作功，以增加下層大气的动能；当它小於零时，下層对上層大气作功，增加上層大气的动能．它可以改写为：

$$-\int (wp)_u \, d\sigma = -R \int (w\rho T)_u \, d\sigma.$$

在平均情况下 $\int (w\rho)_u \, d\sigma = 0$，但 $\int (w\rho \tau)_u \, d\sigma$ 必然要大於零，因为在平均情况下，热量必然要向上輸送以补偿高空的輻射冷却．在第七章中我們已討論过热量向上輸送的条件，就是温度波落后於气压波．所以大气中的不稳定波或中性波（因有摩擦消耗在中性波中温度波仍落后於气压波）使得 $-\int (wp)_u \, d\sigma < 0$．因此通过大气中的不稳定波及中性波，下層大气的热量傳到了上層大气，同时下層大气也对上層大气作了功．通过这个功下層大气的动能傳送到了上層．

　　水平方向的功能和垂直方向的功能如何联系呢，这可以由連續方程得出．　由連續方程及絕热方程我們有

$$p \frac{\partial w}{\partial z} = -\left(\frac{\partial u}{\partial x} + \frac{\partial v}{\partial y}\right) p - \rho \frac{d}{dt}(c_v T). \tag{9·8}$$

(9·6)式右边第二項可以化成两項

$$-\int \left(u \frac{\partial p}{\partial x} + v \frac{\partial p}{\partial y}\right) d\tau = -\int \left(\frac{\partial pu}{\partial x} + \frac{\partial pv}{\partial y}\right) d\tau + \int p \left(\frac{\partial u}{\partial x} + \frac{\partial v}{\partial y}\right) d\tau.$$

由上式，(9·7) 和 (9·8) 二式我們就可以看出水平方向和垂直方向的功能是通过水平輻合和垂直膨脹相联系着．　由此看来，在下層大气中通过水平輻合使空气在垂直方向膨脹，然后对上層大气作功，以使该層中所剩余的功能傳到上層大气中去．

　　同样我們也可以討論高低緯度大气之間动能的关系．将 (9·6) 式用於某个緯度以北的大气，我們有

$$\frac{\partial}{\partial t} \int K_h \, d\tau = \int K_h v \, ds + \int vp \, ds + \int p \left(\frac{\partial u}{\partial x} + \frac{\partial v}{\partial y}\right) d\tau - \int \mu \left[\left(\frac{\partial u}{\partial z}\right)^2 + \left(\frac{\partial v}{\partial z}\right)^2\right] d\tau \ +$$

$$+ \int \mu \left(u \frac{\partial u}{\partial z} + v \frac{\partial v}{\partial z}\right)_u d\sigma - \int \rho \varkappa c_0^3 \, d\sigma_0.$$

上式右边第一、二兩項表示該緯度以南的大气对其以北大气的作用,第一項为輸送項,第二項为南面大气对北面所作的功率. 相对於第二項,第一項可以略去[*]. Starr[211] 也把这項称为輸送項,但它与眞正的輸送的物理意义是不同的. 它又可写成 $\int R\rho T v\, ds$. 因为热量是自南向北輸送的,这个积分是正的,低緯度的大气对中高緯度的大气作功,增加了中高緯度大气的动能.

§4. 能量轉換方程

由平均运动出發,我們在前面得出了一系列的結論,这些結論是有意思的. 但是我們也曾指出由平均运动場所計算出来的能量不能代表平均能量. 因此有必要进一步討論动能的平衡. 它涉及到大气中各种能量的轉換过程,是大气环流中一个重要问题,对於这个问题, Miller[225], van Miehgem[215], Phillips[82] 和 Lorenz[218] 等都有过討論. 都是将运动分成平均和扰动的两部分,卽将大气任意一个屬性 q 写成

$$q = \bar{q} + q', \tag{9.9}$$

但是对 $\bar{q}$ 的定义则有所不同,一般把它定义成沿緯圈的平均. 但也有人提倡对 ρ 加权平均,这样在数学上对方程的处理可以簡化. 以下我們取加权平均,卽考虑 ρ 对 (x, y, t) 的变化. 现将运动方程写成

$$\frac{\partial u}{\partial t} + \mathbf{c} \cdot \nabla u - fv = -\frac{1}{\rho}\frac{\partial p}{\partial x} + \frac{1}{\rho}\left[\frac{\partial}{\partial x}\left(A\frac{\partial u}{\partial x}\right) + \frac{\partial}{\partial y}\left(A\frac{\partial u}{\partial y}\right)\right] + \frac{1}{\rho}\frac{\partial}{\partial z}\left(\mu\frac{\partial u}{\partial z}\right),$$

$$\frac{\partial v}{\partial t} + \mathbf{c} \cdot \nabla v + fu = -\frac{1}{\rho}\frac{\partial p}{\partial y} + \frac{1}{\rho}\left[\frac{\partial}{\partial x}\left(A\frac{\partial v}{\partial x}\right) + \frac{\partial}{\partial y}\left(A\frac{\partial v}{\partial y}\right)\right] + \frac{1}{\rho}\frac{\partial}{\partial z}\left(\mu\frac{\partial v}{\partial z}\right), \tag{9.10}$$

$$0 = -\frac{1}{\rho}\frac{\partial p}{\partial z} = g.$$

其中 $\mathbf{c}$ 为合成風速. 将 (9.10) 三式沿緯圈平均,得

$$\rho\left(\frac{\partial \bar{u}}{\partial t} + \bar{\mathbf{c}} \cdot \nabla \bar{u} - f\bar{v}\right) = \frac{\partial}{\partial y}\left(A\frac{\partial \bar{u}}{\partial y}\right) + \frac{\partial}{\partial z}\left(\mu\frac{\partial \bar{u}}{\partial z}\right) - \rho\overline{\mathbf{c}' \cdot \nabla u'},$$

$$\rho\left(\frac{\partial \bar{v}}{\partial t} + \bar{\mathbf{c}} \cdot \nabla \bar{v} + f\bar{u}\right) = \frac{\partial}{\partial y}\left(A\frac{\partial \bar{v}}{\partial y}\right) + \frac{\partial}{\partial z}\left(\mu\frac{\partial \bar{v}}{\partial z}\right) - \rho\overline{\mathbf{c}' \cdot \nabla v'} - \frac{\partial \bar{p}}{\partial y}, \tag{9.11}$$

$$0 = -g\bar{\rho} - \frac{\partial \bar{p}}{\partial z}.$$

由 (9.10) 式减去 (9.11) 式,我們得到扰动方程:

---

[*] 第一項中的 $v(u^2 + v^2)$ 可以写成

$$\overline{v(u^2 + v^2)} = \bar{v}[(\bar{u}^2 + \bar{v}^2) + (\overline{u'^2} + \overline{v'^2})] + 2[\bar{u}\,\overline{u'v'} + \bar{v}\,\overline{v'^2}] + \overline{v'[u'^2 + v'^2]},$$

如将地轉風代入,则 $\bar{v} = 0$, 所以

$$\overline{v(u^2 + v^2)} = 2\overline{u_g\,\overline{u_g v_g}} + \overline{v_g(u_g^2 + v_g^2)},$$

上式右边第二項較小可以略去. 在緯度 35° 附近, $\int \bar{u}_g \overline{u_g v_g}\, ds$ 比較大,和 $\int vp\, ds$ 比,不能略去,但在这里 $\int \bar{u}_g \rho \overline{u_g v_g}\, ds$ 是正的(向北輸送),和 $\int vp\, ds$ 同一符号.

$$\rho\left(\frac{\partial u'}{\partial t}+\bar{\mathbf{c}}\cdot\nabla u'+\mathbf{c}'\cdot\nabla u'+\mathbf{c}'\cdot\nabla\bar{u}-fv'\right)=-\frac{\partial p'}{\partial x}+\left[\frac{\partial}{\partial x}\left(A\frac{\partial u'}{\partial x}\right)+\right.$$

$$\left.+\frac{\partial}{\partial y}\left(A\frac{\partial u'}{\partial y}\right)\right]+\frac{\partial}{\partial z}\left(\mu\frac{\partial u'}{\partial z}\right)+\rho\overline{\mathbf{c}'\cdot\nabla u'},$$

$$\rho\left(\frac{\partial v'}{\partial t}+\bar{\mathbf{c}}\cdot\nabla v'+\mathbf{c}'\cdot\nabla v'+\mathbf{c}'\cdot\nabla\bar{v}+fu'\right)=-\frac{\partial p'}{\partial y}+\left[\frac{\partial}{\partial x}\left(A\frac{\partial v'}{\partial x}\right)+\right.$$

$$\left.+\frac{\partial}{\partial y}\left(A\frac{\partial v'}{\partial y}\right)\right]+\frac{\partial}{\partial z}\left(\mu\frac{\partial v'}{\partial z}+\right)\rho\overline{\mathbf{c}'\cdot\nabla v'}, \tag{9·12}$$

$$0=-w'\frac{\partial p'}{\partial z}-g\bar{\rho}w'.$$

将(9·11)的前二式分别乘以 $\bar{u}$ 和 $\bar{v}$ 相加;然后对整个大气积分,则我們得到平均运动的动能的平衡方程:

$$\frac{\partial}{\partial t}\int\overline{K}d\tau=\int\bar{p}\frac{\partial\bar{v}}{\partial y}d\tau-\int A\left[\left(\frac{\partial\bar{u}}{\partial y}\right)^2+\left(\frac{\partial\bar{v}}{\partial y}\right)^2\right]d\tau-\int\mu\left[\left(\frac{\partial\bar{u}}{\partial z}\right)^2+\left(\frac{\partial\bar{v}}{\partial z}\right)^2\right]d\tau-$$

$$-\int\mu\left(\bar{u}\frac{\partial\bar{u}}{\partial z}+\bar{v}\frac{\partial\bar{v}}{\partial z}\right)_0 d\sigma-\int(\bar{u}\nabla\cdot\overline{\rho u'\mathbf{c}'}+\bar{v}\nabla\cdot\overline{\rho vc'})d\tau, \tag{9·13}$$

在上式中 $\overline{K}=\frac{\rho}{2}(\bar{u}^2+\bar{v}^2)$. 同样对(9·12)的前二式分别乘以 u' 和 v' 相加;然后对整个大气积分,则得扰动运动的动能的平衡方程

$$\frac{\partial}{\partial t}\int K'd\tau=\int p'\left(\frac{\partial u'}{\partial x}+\frac{\partial v'}{\partial y}\right)d\tau-\int A\left[\left(\frac{\partial u'}{\partial x}\right)^2+\left(\frac{\partial u'}{\partial y}\right)^2+\left(\frac{\partial v'}{\partial x}\right)^2+\left(\frac{\partial v'}{\partial y}\right)^2\right]d\tau-$$

$$-\int\mu\left[\left(\frac{\partial u'}{\partial z}\right)^2+\left(\frac{\partial v'}{\partial z}\right)^2\right]d\tau-\int\mu\left(u'\frac{\partial u'}{\partial z}+v'\frac{\partial v'}{\partial z}\right)_0 d\sigma+\int(\bar{u}\nabla\cdot\overline{\rho u\,\mathbf{c}}+$$

$$+\bar{v}\Delta\cdot\overline{\rho v\,\mathbf{c}'})d\tau. \tag{9·14}$$

为了討論能量轉換我們还需要位能平衡方程,按一般位能的定义,它为

$$P=c_v\rho T+g\rho z,$$

其中 $c_v\rho T$ 为一般定义的內能(I). 按照这个定义我們很容易看出組成扰动位能的扰动內能的平衡方程就不存在了,因为 $\overline{I'}=0$. 而我們知道扰动位能的釋放在大气环流中佔有重要地位。 Lorenz[218] 所提出的"有效位能"就是和扰动位能相联系着的。 因此有必要从新定义一个內能,这里我們将平均和扰动內能分别定义为 $\frac{1}{2[T]}(c_v\rho\overline{T}^2)$ 和 $\frac{1}{2[T]}(c_v\rho T'^2)$, 其中 $[T]$ 为大气的平均温度。这和 Phillips[82] 所定义的內能是相似的。

現将热力学第一定律写成

$$\frac{c_v}{T}\left(\frac{\partial T}{\partial t}+\mathbf{c}\cdot\nabla T\right)=\frac{Q}{T}-R\nabla\cdot\mathbf{c}, \tag{9·15}$$

其中 Q 为單位質量的加热率,它包括輻射、凝結和摩擦等加热。現以 $[T]$ 代替分母中的 T, 然后对 (9·15) 式求平均得

$$\frac{c_v}{[T]}\left(\frac{\partial\overline{T}}{\partial t}+\bar{\mathbf{c}}\cdot\nabla\overline{T}+\overline{\mathbf{c}'\cdot\nabla T'}\right)=\frac{\overline{Q}}{[T]}-R\nabla\cdot\bar{\mathbf{c}}, \tag{9·16}$$

(9·15)式減(9·16)式得

$$\frac{c_v}{[T]}\left(\frac{\partial T'}{\partial t}+\mathbf{c}'\cdot\nabla\overline{T}+\overline{\mathbf{c}}\cdot\nabla T'+\mathbf{c}'\cdot\nabla T'-\overline{\mathbf{c}'\cdot\nabla T'}\right)=\frac{Q'}{[T]}-R\nabla\cdot\mathbf{c}'. \qquad (9·17)$$

用 $\overline{T}$ 乘(9·16)式和 $\rho T'$ 乘(9·17)式，然后对整个大气积分，則得平均·内能和扰动內能的平衡方程如下：

$$\frac{1}{[T]}\frac{\partial}{\partial t}\int\frac{1}{2}\rho c_v\overline{T}^2\,d\tau=\frac{1}{[T]}\int\rho\,\overline{T}\,\overline{Q}\,d\tau-\int\overline{p}\nabla\cdot\overline{\mathbf{c}}\,d\tau-\frac{c_v}{[T]}\int\overline{T}\nabla\cdot\overline{\rho T'\mathbf{c}'}\,d\tau,$$

$$\frac{1}{[T]}\frac{\partial}{\partial t}\int\frac{1}{2}\rho c_v T'^2\,d\tau=\frac{1}{[T]}\int\rho T'Q'\,d\tau-\int p'\nabla\cdot\mathbf{c}'\,d\tau+\frac{c_v}{[T]}\int\overline{T}\nabla\cdot\overline{\rho T'\mathbf{c}'}\,d\tau.$$

將静力方程代入以上二式右边第二項的 $\overline{p}\dfrac{\partial\overline{w}}{\partial z}$ 和 $p'\dfrac{\partial w'}{\partial z}$，再移項，則得平均和扰动位能平衡方程，各为

$$\frac{\partial}{\partial t}\int\overline{P}\,d\tau=\frac{1}{[T]}\int\rho\overline{T}\overline{Q}d\tau-\int\overline{p}\,\frac{\partial\overline{v}}{\partial y}\,d\tau-\frac{c_v}{[T]}\int\overline{T}\nabla\cdot\overline{\rho T'\mathbf{c}'}\,d\tau, \qquad (9·18)$$

$$\frac{\partial}{\partial t}\int P\,d\tau=\frac{1}{[T]}\int\rho T'Q'\,d\tau-\int p'\left(\frac{\partial u'}{\partial x}+\frac{\partial v'}{\partial y}\right)d\tau+\frac{c_v}{[T]}\int\overline{T}\nabla\cdot\overline{\rho T'\mathbf{c}'}\,d\tau, \qquad (9·19)$$

其中 $\overline{P}$ 和 P' 分别定义为

$$\overline{P}=\frac{c_v\rho\,\overline{T}^2}{2[T]}+g\rho\overline{z},\quad P'=\frac{c_v\rho\,T'^2}{2[T]}+g\rho z'. \qquad (9·20)$$

比較(9·13)，(9·14)，(9·18)和(9·19)四式我們可以討論能量的相互轉換．我們观察到四項，各出現两次，並且符号相反．所以它們分别代表由一种能量轉換为另一种能量的过程．此外还有其他的能量生成和消耗各項．現在先讓我們从上述四式中列出各种能量的轉換項，採用 Blackadar[226] 的符号，我們有：

$$\{\overline{Q},\overline{P}\}\equiv\frac{1}{[T]}\int\rho\,\overline{T}\,\overline{Q}\,d\tau,$$

$$\{Q',P\}\equiv\frac{1}{[T]}\int\rho\,T'\,Q'\,d\tau,$$

$$\{\overline{P},P'\}\equiv\frac{c_v}{[T]}\int\overline{T}\nabla\cdot\overline{\rho T'\mathbf{c}'}\,d\tau,$$

$$\{\overline{P},\overline{K}\}\equiv\int\overline{p}\,\frac{\partial\overline{v}}{\partial y}\,d\tau,$$

$$\{P',K\}\equiv\int p\left(\frac{\partial u'}{\partial x}+\frac{\partial v'}{\partial y}\right)d\tau,$$

$$\{K',\overline{K}\}\equiv-\int\left(\overline{u}\nabla\cdot\overline{\rho u'\mathbf{c}'}+\overline{v}\nabla\cdot\overline{\rho v'\mathbf{c}'}\right)d\tau,$$

$$\{\overline{K},A\}\equiv\int A\left[\left(\frac{\partial\overline{u}}{\partial z}\right)^2+\left(\frac{\partial\overline{v}}{\partial z}\right)^2\right]d\tau,$$

$$\{\overline{K},\mu\}\equiv\int\mu\left[\left(\frac{\partial\overline{u}}{\partial z}\right)^2+\left(\frac{\partial\overline{v}}{\partial z}\right)^2\right]d\tau,$$

$$\{\overline{K}, \mu_{v}\} \equiv \int \mu \left(\overline{u}\,\frac{\partial \overline{u}}{\partial z} + \overline{v}\,\frac{\partial \overline{v}}{\partial z} \right)_{0} d\sigma,$$

$$\{K', A\} \equiv \int A \left[\left(\frac{\partial u'}{\partial x}\right)^{2} + \left(\frac{\partial v'}{\partial x}\right)^{2} + \left(\frac{\partial u'}{\partial y}\right)^{2} + \left(\frac{\partial v'}{\partial y}\right)^{2} \right] d\tau,$$

$$\{K', \mu\} \equiv \int \mu \left[\left(\frac{\partial u'}{\partial z}\right)^{2} + \left(\frac{\partial v'}{\partial z}\right)^{2} \right] d\tau,$$

$$\{K', \mu_{0}\} \equiv \int \mu \left(u'\,\frac{\partial u'}{\partial z} + v'\,\frac{\partial v'}{\partial z} \right)_{0} d\sigma.$$

我們必須注意上列各种能量轉換的物理意义，不能單从形式上注意它們。Lettau[227] 曾指出能量的轉換可以用不同的形式写出，因而也就得到了不同形式的从一种能量轉换到另一种能量的数学上的过程，但从物理的观点看这些过程不一定重要，甚至意义不大。但上面所列的各种能量轉換的物理意义是非常清楚的。$\{\overline{Q}, \overline{P}\}$ 为辐射等非絕热加热轉成的平均位能，日辐射和凝結加热永远使 $\overline{P}$ 增加，但湍流扩散等作用则使 $\overline{P}$ 减少。$\{Q', P'\}$ 为扰动非絕热加热轉成的扰动位能，这项的正負視 Q' 和 T' 的相关而定。高温区加热，低温区取热，则使扰动位能增加。反之低温区加热，高温区取热，使扰动位能减少。$\{\overline{P}, P\}$ 为平均位能轉成的扰动位能，它是由扰动运动对扰动內能的輸送而来。如在高温区有內能的辐散，低温区有內能的輻合，则平均位能减小，扰动位能增加。低温区輻散，高温区輻合，则扰动位能轉成平均位能。$\{\overline{P}, \overline{K}\}$ 为平均位能向平均动能的轉換。高压区輻散，低压区輻合，平均动能增加；高压区輻合，低压区輻散，平均动能减小。$\{P', K'\}$ 为扰动位能向扰动动能的轉換，物理过程和 $\{\overline{P}, \overline{K}\}$ 相同。这种作用是郭曉嵐和 Starr 等所注意的。$\{K', \overline{K}\}$ 为扰动动能向平均动能的轉換。茲以其中的一项 $\overline{u}\nabla \cdot \overline{\rho u'\mathbf{c}'}$ 为例說明它的物理意义。当 $\nabla \cdot \overline{\rho u'\mathbf{c}'} > 0$ 时，则有西風($\overline{u}$)运动量的减小，如在此处原有风速为西風($\overline{u} > 0$)，则此处 $\overline{u}$ 将减小，於是平均动能减小，平均扰动动能增加。如在 $\nabla \cdot \overline{\rho u'\mathbf{c}'} > 0$ 的地方，$\overline{u} < 0$，则 $|\overline{u}|$ 将增加，於是平均动能增加，扰动动能减小。同理在 $\nabla \cdot \overline{\rho u'\mathbf{c}'} < 0$，$\overline{u} > 0$ 的区域平均动能增加，扰动动能减小，在 $\nabla \cdot \overline{\rho u'\mathbf{c}'} < 0$，$\overline{u} < 0$ 的地方平均动能减小，扰动动能增加。其余各項，如 $\{\overline{K}, A\}$ 和 $\{\overline{K}, \mu\}$ 等都代表动能的消耗，永远为正。

§5. 大气环流中的能量循环

前面各节討論了大气中总动能的維持，在这一节里，我們将根据上节的能量轉換方程 (9·13)—(9·14) 和 (9·18)—(9·19)，利用实际的观測資料討論一下平均环流是通过怎样的能量轉換的机制来維持的，並且附帶討論一下平均緯圈环流的动能在高、低緯度地区間是如何平衡的。

在 (9·13),(9·14),(9·18) 和 (9·19) 四式中我們有

$$\int \overline{u}\nabla \cdot \overline{\rho u'\mathbf{c}'}\, d\tau = \nabla \cdot \int \overline{u}\,\overline{\rho u'\mathbf{c}'}\, d\tau - \int \overline{\rho u'\mathbf{c}'} \cdot \nabla \overline{u}\, d\tau,$$

$$\int \overline{T}\nabla \cdot \overline{\rho T'\mathbf{c}'}\, d\tau = \nabla \cdot \int \overline{T}\rho \overline{T'\mathbf{c}'}\, d\tau - \int \overline{\rho T'\mathbf{c}'} \cdot \nabla \overline{T}\, d\tau,$$

将上式代入上述四式中，並将 $\nabla \cdot \int \overline{u}\,\overline{\rho u\,\mathbf{c}}\, d\tau$ 和 $\nabla \cdot \int \overline{T}\,\overline{\rho T'\mathbf{c}'}\, d\tau$ 移到左端，则在 (9·13),

(9·14),(9·18) 和 (9·19)四式中,方程式的右端第 1 項是能量的局地变化,第 2 項可以定义为能量的通量(对整个大气或近似地对整个北半球講为零),而将左端各項定义为能量的源匯[*]。

现在我們先由这四式的右端各項討論一下整个(北半球)大气的平均环流的維持問題,这个問題的提出即是太陽輻射能如何轉变为大气的有效位能,再如何轉换为动能的問題。因此我們从 (9·18) 式开始,首先大气平均位能和輻射能的轉换决定於 $\overline{T}\,\overline{Q}$ 一項,根据圖 4·3 可知緯圈平均值的温度和加热是正相关,所以这項为正,即非絕热是大气运动的根本能源,大气不均匀的加热造成大气的平均位能。现在 $\overline{Q}$ 使用 Берлянд[100] 的年平均值, $\overline{T}$ 使用 6 公里的平均值(根据圖 1·23),計算如下:

表 9·1

緯　　　　　度	0—5°	5—15°	15—25°	25—35°	35—45°	45—55°	55—65°	65—75°	合　計 (0—75°)
$\frac{1}{[T]}\int\rho\overline{T}\overline{Q}\,d\tau\times10^{21}$ C. G. S.	15.2	30.8	−67	−40	4.5	−2.2	−8.3	−9.3	20.0

第二,平均位能 $\overline{P}$ 和扰动位能 P' 的轉换决定於 $\overline{\rho T'\mathbf{c}'\cdot\nabla T}$,即决定於大型渦旋对可感热量跨温度梯度的輸送,其中水平分量可以根据 White[228] 的紀录算出,結果如下:

表 9·2

緯　　　　　度	31—42.5°	42.5—55°	55—70°	合　計 (31—70°)
$\frac{c_v}{[T]}\int\overline{\rho T'v'}\,\frac{\partial T}{a\partial\varphi}\,d\tau\times10^{20}$ C. G. S.	−1.4	−2.7	−1.6	−5.7

根据 White 用北美料資計算的結果, $\overline{T'\mathbf{c}'}$ 在北緯 31° 以南为負,故 $\overline{\rho T'\mathbf{c}'\cdot\nabla T}$ 为正,但其值很小,故整个北半球的积分值为負,約为 -6×10^{20} 尔格·秒[-1]。这項的垂直分量还没有现成数据可資計算,但按照下一章的講解可知 $\overline{T'w'}$ 为正,而 $\partial\overline{T}/\partial z$ 为負,因此其貢献符号可能与水平分量相同。

由此可知平均位能通过大型渦旋对热量的輸送将能量轉給扰动位能。

第三,扰动位能 P' 和扰动动能 K' 的轉换决定於 $p'\left(\frac{\partial u'}{\partial x}+\frac{\partial v'}{\partial y}\right)$,这項没有现成資料可以利用,今按下法作一估計,

$$\int p\left(\frac{\partial u'}{\partial x}+\frac{\partial v'}{\partial y}\right)d\tau=-\int\left[\overline{p}\,\frac{\partial\overline{v}}{\partial y}+\left(u\,\frac{\partial p}{\partial x}+v\,\frac{\partial p}{\partial y}\right)\right]d\tau.$$

由本章 §2 的計算已知上式右端第二項为正,如表 9·3。而第一項根据表 9·5 也为正,故扰动位能通过扰动速度辐散的作用将能量轉换为扰动动能。

第四,扰动动能 K' 和平均环流动能 $\overline{K}$ 的轉换决定於 $\overline{\rho u'\mathbf{c}'\cdot\nabla\overline{u}}$,这一項的水平分量过去已有一些計算[214,212,216] 现在根据 Buch[27] 1950 年記录全年重新計算如表 9·4。

---

[*] 必須指出这里对能量的通量和源匯的定义是比較任意的.

表 9·3

緯　　　　　度	22.5—32.5°	32.5—42.5°	42.5—52.5°	52.5—62.5°	62.5—72.5°	合　　計 (22.5—72.5°)
$-\int\left(u\dfrac{\partial p}{\partial x}+v\dfrac{\partial p}{\partial y}\right)d\tau$ $\times 10^{20}$ C. G. S.	5.1	4.1	1.8	0.6	0.2	11.8

表 9·4

緯　　　　　度	10—20°	20—30°	30—40°	40—50°	50—60°	60—70°	合　　計 (10—70°)
$\int\overline{\rho u'v'}\,\dfrac{\partial\bar{u}}{a\partial\varphi}d\tau\times 10^{20}$ C. G. S	1.3	2.3	1.0	−0.3	−0.3	−0.0	4.0

这项的垂直分量 $\overline{u'w'}\dfrac{\partial\bar{u}}{\partial z}$ 現在也沒有現成資料可用,但我們已知 $\overline{u'w'}$ 無論在中緯和低緯皆为負,故在这项低緯将为正而中緯将为負。

由此可知,扰动动能取自扰动位能而向平均环流动能轉換(其量級約为 4×10^{20} C. G. S. 單位),郭曉嵐[214],Starr[212] 和荒川秀俊[316] 过去都曾强調指出过这一事实。

第五,是平均位能 $\bar P$ 和平均环流动能 $\bar K$ 之間的轉換,这项决定于 $\bar{p}\dfrac{\partial\bar{v}}{\partial y}=\rho f\overline{u}\overline{v}$,卽平均經圈环流的作用,Starr[228] 曾对这项計算如下:

表 9·5[228]

緯　　　　　度	0—13°	13—31°	31—42°	42—55°	55—70°	70—90°	半　　球 (0—90°)
$\rho f\overline{u}\,\overline{v}\times 10^{20}$ C. G. S.	+0.01	−0.35	−3.55	−2.65	+2.69	+1.76	−2.09

結果为負(卽平均环流动能向平均位能轉換)。他認为这是由於中緯度逆环流較强的緣故,但 Phillips[82] 認为低緯度的 Hadley 正环流作用可能更大,因此这项可能为正。总之由於平均經圈环流很难計算准确,因此它的轉換方向尙成問題。

最后無論平均动能和扰动动能都通过摩擦和粘性等作用而消耗着。

因此我們得出和 Phillips[82] 模式实驗結果相似的能量轉換(圖 9·7)。

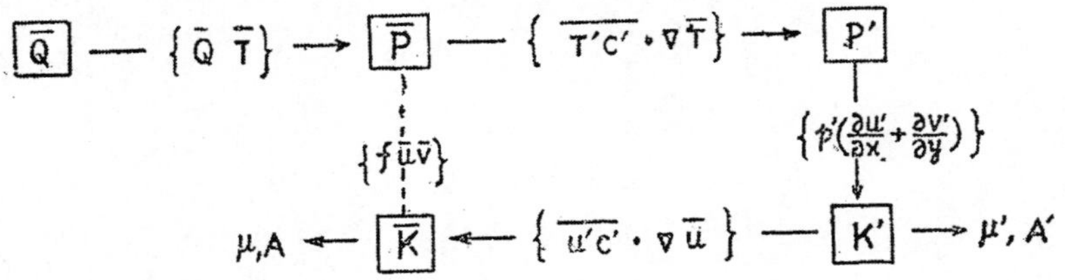

圖 9·7 能量轉換圖

由此可知平均环流动能維持的机制过程是这样的:太陽輻射能在低緯加热、高緯冷却造成大气的平均位能。平均位能轉換为扰动位能,再轉換为扰动动能。而平均环流的动能是由扰动动能来維持的,这再一次証明大型扰动对大气环流維持的重要作用.这个过程正和 Lorenz 使用有效位能所得的結果一致.

　　我們可以进一步由 (9·13) 討論在常定情况下,平均环流的动能在高低緯度間是如何平衡的.

　　由表 9·4 和 9·5 可知, 扰动动能的生成在中緯度为負, 平均經圈环流的作用也为負, 再加上摩擦消耗,故必有动能由低緯輸送过来,才能維持平衡. 由表 9·4 可知, 扰动动能在低緯处的供給量很大, 平均經圈环流的作用也为正, 它們維持低緯的平均环流动能,並且將多余的动能向中緯度輸送. 因此低緯区不但对整个大气动能 K 是能源,对平均緯向环流动能 $\overline{K}$ 也是能源.

第十章 大气中的热量平衡和水分平衡

在大气环流中不仅存在着前面所讲的角动量平衡,同时也存在着热量平衡和水分平衡。关於这方面的問題,过去 Погосян[230],Монин[231],Будыко 等[113],Benton[232],White[233],Starr 和 White[234] 以及 Sutcliffe[235] 等人都曾有过討論。地球上大气的热力平衡和水分循环問題是解决長期天气过程,特别是对气候形成和气候变化的一个重要关键。

大气輻射平衡的的研究指出在北半球赤道和北緯 35° 之間全年的輻射差額是正的,而在北緯 35° 以北則是負的,因此高低緯度間若能維持热量平衡,必定有一种机制使得低緯度过剩的热量向北輸送正好补偿高緯度不足的热量。

另一方面根据大气热源、热匯在地理上分佈的不均匀性,要維持大气温度在地理上的常定分佈也必须有相应的热量輸送来平衡。

在大气水分循环的平均狀态中,蒸發量和降水量的差額在地理上的分佈也是不均匀的,因此大气环流要求一定狀态的水分輸送来平衡它。

因此在高緯和低緯之間、大陆和海洋之間都存在着一定狀态的热量輸送和水分輸送来維持大气环流的常定狀态,在本章中我們要討論一下这些輸送是由什么过程来完成的。我們的討論將只限於高低緯度間的輸送問題。

§1. 热量平衡方程

由热力学第一定律

$$c_p \frac{dT}{dt} - \omega\alpha = Q,$$

其中 α 为比容,利用連續方程的关系,可以得到

$$\frac{\partial}{\partial t} c_p T = -\nabla \cdot c_p T \mathbf{v} + Q + \omega\alpha. \tag{10.1}$$

其中 $\mathbf{v}$ 为質点的向量速度,而 Q 为單位时間加給單量空气的热量,包括輻射、凝結和湍流的作用。將上式作一体积分,积分体积由極地到某一定的緯度,由地面到大气頂部,則得

$$\frac{\partial}{\partial t} \iiint c_p T \, dxdydp = \iint c_p T v \, dxdp + \iiint Q \, dxdydp + \iiint \omega\alpha \, dxdydp. \tag{10.2}$$

上式左端表示所积分区界中大气热量的变化。右边第一項表示垂直於該緯圈的平面自低緯向高緯輸送的可感热量(Sensible heat),第二項为所积分区界中大气的非絕热加热率的总淨值。第三項表示位能和动能的轉换,比第二項小一級。所以在常定情况下,某个緯圈以北的非絕热加热的总淨值近似地和通过垂直於这个緯圈平面向北輸送的可感热量相平衡。

另外我們有水汽平衡方程

$$\frac{\partial q}{\partial t} + u \frac{\partial q}{\partial x} + v \frac{\partial q}{\partial y} + \omega \frac{\partial q}{\partial p} = E,$$

其中 q 为空气中的水汽含量, 而 E 为湍流对水汽的輸送、蒸發和降水的作用。 利用連續方程, 並作同样的积分, 則得

$$-\frac{\partial}{\partial t} \iiint q \, dxdydp = \iint qv \, dxdp + \iiint E \, dxdydp, \tag{10·3}$$

故在常定情况下通过垂直於某緯圈的平面向北輸送的水汽量近似地应和某緯圈以北降水和蒸發的差額相平衡。 由(10·2)和(10·3)可得

$$\frac{\partial}{\partial t} \iiint (c_p T + Lq) \, dxdydp = \iint (c_p T + Lq) v \, dxdz +$$

$$+ \iiint (Q + LE) dxdydp + \iiint \omega a \, dxdydp. \tag{10·4}$$

由上式可知在常定情况下, 通过垂直於某緯圈的平面向北輸送的可感热量、凝結潜热近似地与該緯圈以北非絕热加热淨值 $(Q+LE)$ 相平衡.

§ 2. 高低緯度間可感热量的輸送

在常定情况下, (10·2)式左端为零, 如此可以用实际观測資料計算右端第 1 項的可感热量的輸送, 討論它如何与加热不均匀的常定狀态相平衡.

和角动量的輸送一样, 可以把 Tv 写成

$$\overline{[Tv]} = \overline{[T]} \ \overline{[v]} + \overline{[T]' [v]'} + \overline{[T'v']}, \tag{10·5}$$

其中 "[]" 和 "——" 的意义和(8·6)式完全相同. 因此右边第 1 項代表平均經圈环流的輸送作用, 第 2 項代表由瞬时經圈环流 $[v]$ 的变动与 $[T]$ 的变动相关而引起的輸送作用, 第 3 項則表示由於大型涡旋的水平交换而引起的輸送作用.

Priestley[236], White[233,237,229] 和 Nyberg[238] 等曾利用不同年代 不同地区的探空資料計算上式右端第 3 項的作用, Starr 和 White[234] 又用 1950 年全年北半球范圍上的資料計算上式右端三項的作用.

Priestley 根据北緯 30—35° 附近 4 个測站 1 年中的資料推算通过北緯 35° 緯圈的热量輸送, 他得到平均經圈环流的作用和涡旋項的作用量級一样, 但是他的結果是把 4 个測站的情况推广到整个緯圈上, 显然是有問題的.

White 以后曾用北美洲及其隣近北大西洋区域 1949 年 2 月和 8 月的資料計算涡旋項的輸送, 他得到下列重要結果: (1) 涡旋輸送量在北緯 55° 的 500 毫巴上最大, (2)在中緯度对流層中有向北的輸送, 在平流層中有向南的輸送, (3)在低緯度对流層內有向南的輸送, (4)在中緯度低層的輸送随高度的增加而减小。 他以后又用 1945—1946 冬季的北半球地面、700 毫巴、500 毫巴的資料計算, 結果得到涡旋輸送的可感热量的 70% 在 1,013—700 毫巴之間, 但最大值仍位於北緯 55°. 他将計算結果和 Gabites[*] 等所估計的維持平均温度差異所需要的向北輸送的热量相比較, 認为涡旋輸送項起了主要的作用.

Starr 和 White[234] 利用 1950 年全年北半球資料所計算的 結果和上述 White 在北美洲方面的計算結果有些不同: (1)可感热量輸送最大值在大气的低層, 在中部对流層減弱, 到 200 毫巴上有一个次最大值. (2)在平流層区域仍为向北的輸送, 这就是說在平流層的涡

---

[*] Gabites 在 MIT 的博士論文.

旋輸送是逆着那里的温度梯度，因此它的作用是加强平流層的經向温度梯度。

在他們所得的結果中最大的輸送仍然出現於北緯55°区域。

Starr 和 White 計算結果得到平均經圈环流的可感热量輸送很大（比水平涡旋項大 1—2 級），但他們指出平均經圈环流的可感热量輸送經常伴以相反方向的位能輸送，因此認为这項是沒有意义的而把輻射平衡的要求主要由水平涡旋項来完成（关於这个問題留待 §4 討論）。

和角动量的計算相似，UCLA方面也計算了可感热量的地轉輸送[239]。圖10·1是1949年1月的可感热量地轉輸送分佈圖。从圖中可以看到它和角动量的地轉輸送分佈圖（圖 8·3）很不相同。最大的热輸

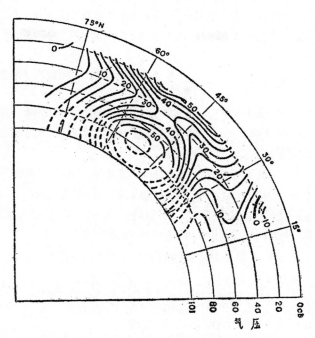

圖10·1　1949年1月可感热量地轉輸送的平均值[239]
（單位：10⁹ 平焦尔·秒⁻¹·厘巴⁻¹）

送量在北緯 50°，並且分为兩个中心，一个近於 700毫巴，另一个在 200 毫巴附近。这和上述結果相似。若从 此圖計算热量輸送的輻合輻散，則得在最大輸送帶以北 为 輻合（最大值位於北緯 63°），以南为輻散（最大值位於北緯 35°）。

§3. 高低緯度間凝結潛热的輸送和水分的輸送

同样的道理可以討論凝結潛热的輸送对热量平衡的作用，和(10·5)一样将 qv 写成

$$[qv] = [q][v] + [q]'[v]' + [q'v'] . \qquad (10·6)$$

右边三項分別代表平均經圈环流、瞬时經圈环流和水平涡旋对凝結潛热輸送的作用（乘以潛热常数 L）。

Priestley[236]，White[233]，Starr 和 White[234] 在計算可感热量的同时也計算了凝結潛热的輸送。White 用北美洲資料計算的結果得到潛热的涡旋輸送在冬夏主要值都在低層出現，向上减小得很快。在冬季由 25—75° 都是向北輸送，但在夏季低緯度（北緯 25°）有一向南的輸送。

Starr 和 White[234] 利用 1950 年全年北半球的資料得到下列重要結果：(1) 輸送主要由水平涡旋来完成，並集中於大气低層，向上很快地减小。(2)整个輸送值在北緯 42.5°最大。(3)潛热的輸送作用和可感热量的輸送量級一样，在中高緯度小於可感热量，但在低緯（北緯 31°）大於可感热量，所以潛热輸送的最大值出現於北緯31°，1,000 毫巴的地方。

　　将(10·6)不乘以 L, 而直接使用右端三項的值, 則可討論水分平衡所要求的水分輸送. 則上述結果同样地可应用於水分輸送的問題中.

<h2 style="text-align:center">§4. 平均經圈环流对热量輸送的作用</h2>

　　由以上前人所得的結果, 有几个問題是值得注意的: 第一个問題是为了平衡有效輻射分佈不均匀或大气热源、热匯分佈不均匀的常定狀态所必須的热量輸送是通过什么过程的作用来完成的.

　　对於这个問題, Priestley 認为平均經圈环流有一定的作用, 但如前所述, 他的根据是很不足的. Starr 和 White 則强調大型渦旋的作用, 他們認为平均經圈环流的作用可以略去不計, 理由是在一个气柱中平均經圈环流对可感热量輸送的淨值經常和它对位能輸送的淨值相反, 但是他們这种論点是有問題的.

　　第一, 設平均經圈环流对可感热量的輸送总值为 S, 对位能的輸送为 P, 則

$$S = \frac{c_p}{g}\int_0^{p_0}[T][v]\,dp, \qquad P = \int_0^{p_0}[z][v]\,dp.$$

以 $T = T_0 - \gamma z$ 代入, 則可求得

$$S + P = -\left(\frac{g}{c_p}\,\frac{1}{\gamma} - 1\right)S.$$

所以只有在絕热大气下, $\left(\gamma = \frac{g}{c_p}\right)$, S 和 P 才完全相消. 在实际大气下, 若 $\gamma = 0.7$ 則 $S + P = 0.4S$, 即經圈环流对可感热量的輸送仍有相当的作用.

　　其次, 在討論热量平衡时, 显然我們也不能只用位能所轉換的热量来加以考慮. 如果討論能量平衡显然不应只考慮輻射能, 还有摩擦等作用(参看第九章). Starr 和 White 的表中已經給出 S 值, 它的量級比渦旋項大 1—2 級, 但是由於他所求的 $[\bar{v}]$ 在各高度上的值代表性不足(不能滿足 $\int_0^{p_0}[\bar{v}]\,dp = 0$ 的条件), 因此我們不能直接使用他們表中所列的数值. 为了估計 S 的大小可以近似地採用下法:

　　設 $p_5 = 500$ 毫巴, 並取下角 1, 2 代表由 500 毫巴到大气上界和由 1,000 毫巴到 500 毫巴間的值, "$\sim$"代表两層的各个平均值, 則經过某緯圈 φ 的 S 为

$$S_1 = \frac{2\pi a\cos\varphi\, c_p}{g}\int_0^{p_0'}[\bar{T}][\bar{v}]\,dp = \frac{2\pi a\cos\varphi\, c_p}{g}\left[\,[\widetilde{\bar{T_1}}]\int_0^{p_5}[\bar{v_1}]\,dp + [\widetilde{\bar{T_2}}]\int_{p_5}^{p_0}[\bar{v_2}]\,dp\,\right],$$

但

$$\frac{1}{g}\int_0^{p_5}[\bar{v_1}]\,dp = -\frac{1}{g}\int_{p_5}^{p_0}[\bar{v_2}]\,dp,$$

所以

$$S_1 = \frac{2\pi a\cos\varphi\, c_p}{g}\int^{p_0}[\bar{T}][\bar{v}]\,dp = \frac{2\pi a\cos\varphi\, c_p}{g}\left([\widetilde{\bar{T_2}}] - [\widetilde{\bar{T_1}}]\right)[\widetilde{\bar{v_2}}]\,(p_0 - p_5), \qquad (10\cdot7)$$

以平均值 $[\widetilde{\widetilde{T_2}}]=259°$, $[\widetilde{\widetilde{T_1}}]=229°$, $[\widetilde{\widetilde{v_2}}]=0.3$米·秒$^{-1}$, $\varphi=45°$, 则 $S=2.9\times10^{14}$卡·秒$^{-1}$, 和水平涡旋项的大小具有同一量级．

所以我們認为对於可感热量的經向輸送,平均經圈环流和水平涡旋相比可能具有同一量级的作用．由於平均情况下有两个正环流,一个逆环流,因此在北緯30°以南和50°以北将有向南的輸送,而在30°和50°之間将有向北的輸送．至於涡旋的輸送则由30—70°都是向北輸送．

然而对於潛热的經向輸送,根据 Starr 和 White[234] 的計算在北緯 30—70° 区域平均經圈环流和水平涡旋相比小一级．因此在中高緯度潛热的輸送可以認为主要是由大型涡旋完成的．但在低緯度则不一定,Palmén[240] 曾得到赤道地区降水超过蒸發的数值可以基本上由信風的定常輸送来完成．

§5. 热量輸送的經向分布

第二个問題是热量輸送沿經向上的分佈为什么有现在的狀态；可感热量輸送的最大值为什么出现於北緯55°．

对於这个問題, White[237], Starr 和 White[234] 都将可感热量涡旋輸送值和地球-大气整个輻射差額(例如 Baur-Phillips[241] 所求的)所要求平衡的热量輸送相比較,众所週知,在北緯35°以南輻射差額为正,北緯35°以北輻射差額为负,如此则所要求平衡的热量輸送在北緯35°最大,但可感热量輸送的最大值位於北緯50°稍北,不好解释．

我們認为将可感热量的輸送与地球-大气整个輻射差額所需要平衡的輸送相比較是不适宜的,因为由(10·2)式可知在常定情况下,可感热量輸送将与非絕热加热总值 Q 分佈不均匀所要求的輸送相平衡,因此要解释可感热量輸送值沿緯圈的分佈,可以利用图 4·3 所給出的加热沿緯圈平均值的經向分佈,为了与该图相平衡所要求的跨过各緯圈的热通量如表 10·1 中的第一項．

表 10·1　跨过各緯圈的热量輸送($\times10^{14}$卡·秒$^{-1}$)

緯　　　　　度	31°	42.5°	55°	70°
(1) 大气热源分布不均匀所要求的热量輸送	3.8	4.4	4.8	3.5
(2) 大型涡旋的可感热量輸送	2.8	5.6	5.8	3.3
(3) 經圈环流的可感热量輸送	1.3	3.6	-2.2	-1.9
(4) 可感热量輸送总值	4.1	9.2	3.6	1.4
(5) 大型涡旋的潛热輸送	3.1	2.7	2.3	0.8
(6) 大型涡旋的热量輸送总值	5.9	8.3	8.1	4.1
(7) 大型涡旋及平均經圈环流的热量輸送总值	7.2	11.9	5.9	2.2
(8) 輻射差額所要求的热量輸送	7.4	10.2	7.5	3.3

将 Starr 和 White 所求得的涡旋輸送总值(表 10·1 中的第二項)和第一項比較则极相接近,但問題是还必須估計平均經圈环流的作用,使用 Buch[27] 的 $[\bar{v}]$, Starr 和 White

的 $[\overline{T}]$，按 (10·4) 式將各緯圈上的平均經圈环流作出的估計如表中第三項。考慮了平均經圈环流作用后，則可感热量輸送最大值不在北緯 55°，而在北緯 42.5°。由於經圈环流項的作用我們不能算得准，但定性的看由於在北緯 30—50° 之間有向北的輸送，故可感热量輸送總值最大將出現於北緯 40—50°。这是和 Q 分佈不均匀所要求的輸送相接近的。

Starr 和 White 認为輻射差額所要求的輸送（表中最后一項的数值，系根据 Baur 和 Phillips 的結果）是由大型渦旋对可感热量和潛热的輸送總值（表中第六項的数值）来完成的。但我們認为平均經圈环流的作用是应該考慮的，表中第七項的数值似乎可以告訴我們考慮了平均經圈环流的作用后，更接近於輻射差額分佈不均匀的要求。

我們已經看到可感热量和总热量的平衡。这里我們要討論中高緯度水分的平衡。表 10·2 是蒸發和降水差額所要求的水分輸送以及由大型渦旋所完成的輸送。由於資料的缺乏，經圈环流的輸送沒有列入表中，但由表上可以看到大型渦旋的輸送基本上满足了蒸發和降水差額的需要。因此我們近似地認为經圈环流在水分平衡中作用不大。

表 10·2　跨过各緯圈的水分輸送（×10^{11}克·秒$^{-1}$）

緯　　　　　度		31°	42.5°	55°	70°
蒸發-降水差額所要求的輸送	(Wust—Concad)	6.2	7.5	3.6	0.8
	(Wust—Benton)	3.3	5.5	3.2	0.5
水分輸送总值	(Starr—White)	5.1	6.5	3.3	0.8

从上表可以看到，水分輸送最大在北緯 40° 左右，与蒸發和降水差額的分佈相当。我們知道在北半球大陸上降水量总是大於蒸發量，但在海洋上低緯 0—10° 与高緯 40—90° 降水量大於蒸發量，但在 10—40° 則蒸發量大於降水量，在北緯 30° 差額最大[242]（参看

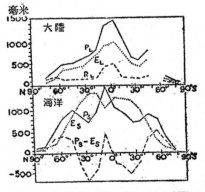

圖 10·2　各緯度帶內降水（P）、蒸發（E）和流量（R）的分布[242]（單位：毫米·年$^{-1}$）

圖 10·2）。这主要是由於副热带高压区的洋面蒸發量大於上空的降水量，而这里多余的水分要向赤道区和中、高緯地区輸送，供应高、低緯度間的水分平衡。由此我們得到一个很重要的事实：在副热带高压区域高空是角动量輸送的最大区，低層是热量輸送的最大区，而洋面又是供給整个大气水分的最大区。

以上我們所討論的是北緯 30° 以北地区的輸送問題，在北緯 30° 以南的低緯区如何，对於角动量輸送講，平均經圈环流在低緯起了相当的作用，对於可感热量和水分講，也必然如此。由於东北信風是非常恆定的風区，因此这一帶的平均經圈环流速度較大，它对可感热量的向南輸送也必不小，同样地恆定的东北信風必將把副热带高压区大量的水分（潛热）向南輸送。但在北緯 30° 以南的緯度帶中輻射差額要求热量向北輸送，那么它的輸送机制是由什么来完成的，大型渦旋是否可能有如此高的数值来平衡非絕热加热和平均經圈环流的作用，这是值得怀疑的，但目前还没有现成的計算結果可以回答这个問題。

§6. 热量的垂直輸送問題

上面討論的是由於高低緯度間非絕热加热所要求的水平方向上的热量輸送．另一方面，大气上部經常由輻射而失去热量．但下部經常得到热量，並且在上面已經得到热量的水平輸送主要地集中於大气低層，因此大气中热量得失在垂直方向上的不均匀分佈，必然主要地由热量的垂直輸送来完成．現在我們使用簡單方法討論一下這个問題．

將大气柱分为兩个部分，在 500 毫巴以上由於長波輻射的冷却为 R，並且水汽的量很小可以略去不計，則对於單位面积的气柱有

$$\operatorname{div}\left[\frac{c_p}{g}\int_0^{p_5}\overline{Tv}\,dp\right]+c_p\,(\overline{\rho Tw})_{500\text{毫巴}}+R=0. \tag{10·8}$$

上式左端第 1 項可以計算，設第 3 項大气的輻射冷却为已知，則可間接估計在 500 毫巴上的 $\overline{\rho Tw}$ 的大小．

設 $R=-1.0°C\cdot$日$^{-1}$（-9.0×10^{-4}卡·厘米$^{-2}$·秒$^{-1}$，由 Starr 和 White 的資料在北緯 42.5—55° 之間 $\operatorname{div}\left[\dfrac{c_p}{g}\displaystyle\int_0^{p_5}\overline{Tv}\,dp\right]=0.8\times10^{-4}$ 卡·厘米$^{-2}$·秒$^{-1}$．因此在垂直方向上必要的热量輸送 $c_p\overline{\rho Tw}=8.2\times10^{-4}$卡·厘米$^{-2}$·秒$^{-1}$，而 $\overline{Tw}$ 像(10·5)式一样应該写作

$$[\overline{Tw}]=[\overline{T}]\,[\overline{w}]+[\overline{T}]'[\overline{w}]'+[\overline{T'w'}]. \tag{10·9}$$

上式右端第 1 項是平均經圈环流的垂直輸送作用，第 2 項是瞬时經圈环流的垂直輸送作用，第 3 項是垂直涡旋輸送項．第 1 項中的 $[\overline{T}]$ 和 $[\overline{w}]$ 都可由第一章中取得．第 2 項無法由現有資料計算．在北緯 42.5—55°地区，$[\overline{T}]=260°$，$[\overline{w}]=0.3$ 厘米·秒$^{-1}$，則 $\rho c_p[\overline{T}]\,[\overline{w}]=1.5\times10^{-4}$卡·厘米$^{-2}$·秒$^{-1}$．如果略去 $[\overline{T}]'[\overline{w}]'$ 不計，則垂直涡旋輸送項应为 6.7×10^{-4}卡·厘米$^{-2}$·秒$^{-1}$．

在上述計算中，我們略去了水汽的垂直輸送和瞬时經圈环流的垂直輸送，在雷雨、气旋以及热帶風暴中会有一定的水汽穿过 500 毫巴向上輸送，因此上述估計数字可能过高，但我們可以認为垂直涡旋对可感热量向上的輸送 ($\overline{T'w'}>0$) 对於大气上部輻射冷却所需要的热量平衡起了相当的作用．

在第七章已經指出 $\overline{T'w'}>0$ 是不稳定波动的条件，所以热量的向上輸送由不稳定的扰动来完成（关於不稳定性波中垂直速度和位温的正相关($\overline{T'w'}>0$)可以平衡大气上部的輻射冷却，过去 Eady[168] 和 Phillips[101] 也已指出过）．同时由於不稳定扰动的温度波必定落后於气压波，所以不稳定扰动也必定能够完成热量的向北輸送，即 $\overline{T'v'}>0$．

＊　＊　　　　　＊　＊　　　　　＊　＊

总结以上，我們可以給出热量輸送的概括：由於整个高空都是輻射冷却区，同时在整个对流層里热量都是自低緯向高緯輸送的．因此自低緯的低空必然有热量向上傳送到高空，在那里一部分补偿了高空大气由輻射冷却而丧失的热量，剩余的部分在高空傳送到北方．这支自低緯高空輸送到北方的热量，根据計算，不足以补偿北方高空由輻射而丧失的

热量,所以在北方也必需有自下而上的热量输送,这部分热量是在低空自低纬度输送到北方去的. 这支热量一方面补偿了北方低空大气的辐射差额,它的剩余再传送到高空. 两支热量由低纬度的低空由不同方向输送到高纬度的高空,补偿了那里的辐射冷却. 因此在整个过程中大型不稳定扰动起了重要的作用.

第十一章　总結—大气环流的內在統一

在第一章里我們敍述了有关大气环流的主要观測事实，从这里面我們提出了若干大气环流中的基本問題，在随后的九章里我們討論了这些問題。其中有准地轉風場的形成，平均大气环流狀态（东西風帶、急流、經圈环流、平均槽脊、平均温度場等）的形成，長波的不稳定，以及各种物理量（热量、水分、动能、角动量等）的平衡。在这些問題的討論中我們虽然也注意到了它們彼此的关联，而且在适当的地方也提到了它們的关联，可是基本上还是針对着各个問題單独进行討論的。但是实际上它們彼此之間有着很密切的关系，它們通过一定的物理过程或机制互相联系起来。因此在最后一章里我們对这些問題将作一个总体的討論，通过这个討論我們希望能給出一个內在統一的整体的大气环流模式。

§1. 大气环流中主要成員的相互关系

在观測的事实中，人們首先注意到的大范圍的环流现象，就是气候風帶，也就是东西風帶的存在，在高空，平均緯圈环流的强度随緯度的分佈并不是均匀的，有所謂急流存在。在这基本的風帶里移动着气旋和反气旋、槽和脊。这些槽和脊經常在固定的地理区域加深，形成高空的平均槽脊。

在这种大气里温度向两极和向上减低。但是經过並不复杂的計算，人們就發現了这种向极和向上的减温率要比輻射平衡条件下的减温率小得多。在子午面上存在的平均环流是很弱的。在記录不足的时代里，平均子午面上的环流型式是很难得知的。但从理論上的探討[243]，应該有三个环型。高空探測資料丰富之后，就發現三个环是存在的，虽然强度非常弱。

这些就是大气环流的主要成員，也是大气运行的一个最簡單的描述，这些成員的存在并不是孤立的，它們相互制約、相互作用，構成了一个整体。在这个整体的形成过程中作用於大气的外在因子，大气本身的特殊尺度以及大气中經常存在着的大型扰动起了根本的作用。

影响大气的外在因子首先是太陽輻射和地球自轉，在自轉地球的大气里，由於太陽輻射造成了南北的温度梯度，这种温度梯度和地球自轉参变数的比值特性（$\Delta T : f^2$ 很小），再加上大气本身的尺度特性（$H : L$ 很小）决定了大型大气运动基本上是地轉的，因此热成風的关系使得平均西風的强度随着高度而增加，形成風力的垂直切变。这种切变是大气的一个非常重要的现象，足於使得大气經常处於斜压不稳定的狀态。

由於海陆分佈和山脈的起伏，在大气里經常存在着扰动，上述的風力垂直切变足以使得大气对於長波以 1,000 公里計的波动呈现不稳定狀态，而最不稳定的是波長为 5,000 公里左右的大型波动。

我們說大型大气运动基本上是地轉平衡的，但大气运动中又經常發展着大型扰动，所以地轉平衡必定經常破坏發生地轉偏差，然后扰动才有可能發展，在这个过程中也就必然出现了風場和气压場的相互适应。

大型扰动的經常活动对於动量、热量、涡度等物理量發生再分配的作用,因而把大气环流的主要成員——东西風帶、經圈环流以及急流等联系起来.

首先平均經圈环流是大型扰动所引起的热量和角动量的水平輸送和鉛直輸送,再加上不均匀的非絕热加热作用共同形成的,与三个环的經圈环流形成的同时,在地球自轉的作用下必然产生地面的东西風帶,而这时后者通过摩擦和大型涡旋对动量的輸送又对經圈环流發生作用. 由此看来經圈环流和东西風帶是有相互作用的,这一点由(4·7)和(4·16)式也可清楚地看到. 在它們生成变化的过程中大型扰动的联系作用,使得它們相互消长,在摩擦的消耗下它們又同时达到了常定狀态.

大型涡旋对角动量和涡度的輸送另一重要作用是西風急流的形成.

由此我們得到在大气环流的气候風帶的形成中,大型涡旋發揮了重要的作用, Phil-lips[82]所作的大气环流数值試驗中也得到了这个明确的現象,如果不引进大型涡旋,则在太陽輻射和地球自轉的作用下,大气运动是高層为西風,低層全为东風. 在平均子午面上是一个大环型,低緯上升,高緯下沉,沒有現在所观测到的低層东西風帶、三环型的平均經圈环流和强烈集中的西風急流.但当引进大型涡旋的作用后,这些成員都明确地出現了.

从上面我們看到大型涡旋对大气环流基本風系的形成和維持起着重要的作用,並且把各个成員联系起来,这是一个方面. 但是另一方面大型涡旋也不是孤立的,它影响基本風系,反过来也受基本風系的影响. 例如西風强度就决定着大型扰动的波长,也就是扰动的尺度;同时也决定着扰动的移动速度. 西風的垂直切变和水平切变直接决定着基本气流的稳定度,而稳定度又直接的关系着扰动是否發展. 所以大型扰动和基本風系在大气环流整体中也是內在的统一,它們相互制約,相互影响.

大气平均运动中的槽脊常定分佈狀态也是在海陆分佈和大地形的作用下通过大型扰动而形成的. 海陆的不均匀的热力扰动和大地形的动力扰动經常对基本的緯圈風系發生作用,通过色散过程[159]这些大型扰动便在固定地区加深形成平均槽脊.在这里我們还可注意大型涡旋的产生决定於海陆分佈所形成的大气热源、热匯和大地形的作用,反轉过来当大型涡旋形成發展后,倒回来又影响大气热源、热匯的分佈狀态,並引起地形發生不同的作用. 这是大气环流整体的內在统一的又一方面.

不仅是平均气流場,平均温度場的形成也是太陽輻射、海陆分佈等作用再加上大型扰动所形成的. Кибель[148]没有考虑水平交换时,理論所算出的温度分布在赤道过高而在極地过低. Блинова[149]引进了大尺度的水平湍流混合后便更接近了观测事实.大型扰动对温度場的形成以及温度平流和对流作用对温度場的形成指出了大气环流中又一相互制約的現象,这就是我們不止一次所强調的温度場和气流場的相互作用的关系.

另外大气基本風系的尺度和大型扰动的尺度也是內在统一的整体. 例如我們已經談到經圈环流的数目就和大型扰动的南北尺度(以高压帶到低压帶的南北距离为度量)有着密切的关联.又如西風急流的形成也和大型涡旋的尺度有着密切的关联,因为圍繞地球波数为3的波动对角动量輸送最为有效(参閱第八章),而长波在对流頂最为显著,因此角动量的向北輸送也是在对流頂附近最大. 而急流的維持又依赖於大型涡旋对角动量的輸送随緯度的变化,旣然角动量向北輸送显著的集中於对流頂附近,所以急流也在这里出現.

因此不但大型涡旋本身的存在是大气环流必然要求的东西,並且大型涡旋的尺度也是和大气环流的基本狀态相統一着．控制大气环流的外在因子既决定了大气环流的主要成員的基本狀态，也决定了大型渦旋的尺度，这些扰动的尺度就必然的要求着和它相統一的大气环流主要成員的基本狀态，例如經圈环流的数目，西風急流的位置等．

总之我們可以認为大气环流的基本成員——經圈环流、东西風帶、西風急流、大型渦旋、平均槽脊和平均溫度場都是相互制約的內在統一体．而在这种內在統一的过程中長波不穩定所生成的大型渦旋成为中心环节，联系着各个方面．

§2. 大气环流中主要物理量平衡过程的相互关系

在上一节我們討論了大气环流的各种成員中的相互关系，在这一节里我們將討論大气中几种主要物理量平衡过程的相互关系．在这些过程中第一是角动量平衡的过程，在这种平衡的过程里，角动量通过經圈环流的 Hadley 环型自东風帶的近地面層被輸送到高空去，再由高空通过大型扰动向中高緯度輸送，然后由湍流送到西風帶的近地面層，回到地球．第二是热量平衡过程，由輻射角度来看自 35° 到极地是个冷却区，整个高空也都是經常在冷却，因此必需有足够的热量自低緯向中高緯輸送，自低空向高空輸送．这两种过程的物理机制我們都有过討論．

大气运动总的来說很有规则，但是也有湍流的性質，因此大气可以称为虚粘滯流体 (Virtual viscous fluid)，这种粘滯性最終的结果是消耗大气的动能．同时大气和地球之間有着很大的摩擦，所以大气中的动能經常被消耗着．要維持平衡，大气动能需要补偿，补偿的物理机制我們也有过討論．

以上这几种过程並不是独立的，而是相互影响的，在这一节里我們將討論一下它們的相互关系，說明大气环流的几种主要物理量平衡过程也是相互統一的整体．

首先我們注意到無論是对热量、角动量或能量（参考第九章）来說，低緯度都是源，也就是自低緯度向中高緯度輸送热量和角动量，同时低緯度空气对中高緯度的空气作功，轉成动能以維持消耗．經过某緯度向高緯的热量輸送为

$$c_v \int_0^\infty \oint \rho T v \, dxdz,$$

而同緯度以南的空气向以北空气所作的功为

$$\int_0^\infty \oint p v \, dxdz = R \int_0^\infty \oint \rho T v \, dxdz.$$

由以上二式相比，我們可以看到在向北輸送热量的同时，南方空气也完成了向北方空气所作的功．經过同一緯度向北的角动量輸送则为

$$R \cos\varphi \int_0^\infty \oint \rho u v \, dxdz,$$

近似地以地轉風公式代入上式的 u，得

$$-\frac{R\cos\varphi}{f} \int_0^\infty \oint v \frac{\partial p}{\partial y} dxdz.$$

这个计算式和前面的热量或能量计算式稍有不同，前者是 v 和 p 的相关，后者是 v 和 $(-\partial p/\partial y)$ 的相关．使兩者都为正，则在南風的地方不但 p 大而且 $(-\partial p/\partial y)$ 也大．更具体說，就是要槽前等压綫密、風力强，槽后等压綫疏、風力弱．这正是高空平均的狀况．在这种模式下 u 和 v 是正相关．

其次我們將大气分为上下兩層，对於热量和能量来說，我們由前面的第九章和第十章看出下層大气是源，热量向上的輸送和下層大气对上層所作的功可以分别写为

$$c_r\int\rho wT\,ds\,,\qquad \int wp\,ds=R\int\rho wT\,ds\,.$$

由此我們看出在热量向上輸送（以平衡高空的輻射冷却）的同时，下層大气对上層大气作了功．角动量是沒有源匯的，也就是在角动量平衡里（参看(8·4)式）除去随时間的变化項外，不再有体积积分項，所以对於整个大气来說沒有上下的角动量輸送[*]．

现在讓我們看一下它們輸送机制的关系．从第十章里我們知道热量的輸送主要依靠扰动，經圈环流对热量的輸送虽然不能忽略，但和扰动相比，它可能是次要的，而在有些緯度上（如高緯）它的輸送方向和所需要的相反．因此这里只以扰动热量輸送为对象．如使扰动向北傳送热量，则扰动的温度波落后於气压波（圖7·7），但因为槽前 $w>0$，槽后 $w<0$，所以在这种結構的波动中热量是向上傳送的．也就是随波長而平均．我們有

$$\overline{Tv}>0\qquad 和\qquad\overline{Tw}>0\,.$$

根据第七章的討論，不稳定波的結構就是温度波落后於气压波（$\overline{Tv}>0$），不稳定波發生的条件就是 $\overline{Tw}>0$．所以热量的向北和向上傳送是不稳定波事物的兩方面，对於沿緯圈的平均常定情况而言，Arakawa[244] 是以下面的表达式把它們联系起来．

$$\overline{v'\theta'}\frac{\partial\overline{\theta}}{a\partial\varphi}+\overline{\omega'\theta'}\frac{\partial\overline{\theta}}{\partial p}=0\,.\tag{11·1}$$

其中 θ 为位温，$\omega=dp/dt$．由上面的討論和 (11·1)式看，在平均的狀况下，热量的向北和向上輸送是相联發生的，它們不能單独出现．

$\overline{Tv}>0$ 和 $\overline{Tw}>0$ 既然是不稳定波所产生的作用的兩方面，它們反过来也应该对不稳定波有相同的作用．在第七章中我們已經指出不稳定波产生的主要原因是基本西風气流的垂直切变到达某一数值．可感热量的向北傳送（$\overline{Tv}>0$）减小了南北向的温度梯度，因而也减小了基本气流的鉛直切变，也就是降低了它的不稳定度．鉛直运动也有相同的作用．在第七章中已經指出純粹由於鉛垂运动所产生的温度波的位相角比气压波的位相角大（即气压波落后於温度波），因而鉛直运动的結果將对波动發生阻尼作用．所以这兩者都是不稳定波的結果，同时反过来它們也对不稳定波加以阻尼．从这里我們可以看到西風的生成和西風的崩潰成了一个循环，这是重要的，因为我們对於一事物的發展不能單从它的生成或消灭一方面来看，应该把生成和消灭联系起来解决，否则必是片面的[245]．

我們还可以更进一步地討論热量向北和向上輸送的相关的问题．第十章里我們曾經指出，热量的向北傳送主要是在低空大气中进行，在高空向北的热量輸送是不多的（潛热

---

[*] 对於部分大气来說则有角动量的上下輸送，在低緯度大气自地球得到角动量，这些得到的角动量是在高空輸送到西風带里的，所以在低緯度必须有角动量向上的傳途．相反的在西風带则有角动量向下的傳送．

也是如此）. 計算数值說明[237], 在 500 毫巴以上自低緯向中高緯的渦动輸送的可感热量仅約为整屬渦动輸送的 30%. 如将潜热計算在內, 这个百分数更要小. 当然热量的輸送不仅由渦动来完成, 經圈环流也可以輸送热量. 在中緯度是逆环流, 因此它不但不能在高空帮助热量的向北輸送, 反而使热量的向北輸送在高空更少. 因而中高緯 500 毫巴以上的大气自南方所得到的热量不足以补償其輻射所失. 要平衡必須有自下向上的热量輸送. 所以总热量向北輸送率的迅速的向上减低也是大气环流中內在统一的結果. 如果在高空向北的热量輸送大於中高緯度高空大气的需要, 則在中高緯必得有一部分热量向下輸送, 於是 $\overline{Tw}<0$, 按(11·1)式或前面的討論, 如 $\overline{Tw}<0$, 則 $\overline{Tv}$ 也将 <0, 这就無法滿足中高緯度大气因輻射冷却而需要的热量. 这样不但輻射差額不能滿足, 而且由下节我們可以看出这样也不能滿足动能平衡的需要. 同时我們还可以看出, 如果在常定情况下 $\overline{Tv}<0$ 和 $\overline{Tw}<0$, 則大部波动为阻尼的. 这样則由第八章中的討論或下面的討論可以看出角动量的向北輸送也将受到影响.

热量輸送和动能轉換过程有什么关联呢, 由第七章的討論我們已可看出, 当 $\overline{Tw}>0$ 时, 动能是增加的. 也就是随着热量向上傳送的同时, 位能也轉成了动能. 更确切地我們可以作如下的討論: 对整个大气或高度为無限的閉合大气柱来說, 动能平衡方程可以写成[226]

$$\frac{\partial}{\partial t}\int K\,d\tau = -\frac{c_p}{c_v}\int RT\cdot\frac{d\tilde{\rho}}{dt}\cdot d\tau - \int D\,d\tau , \qquad (11\cdot2)$$

其中 $K=\frac{\rho}{2}(u^2+v^2+w^2)$, D 为單位体积大气动能的消耗率. 因为 $D>0$, 所以上式右边第一项在常定狀态下应大於零, 也就是 T 和 $\frac{d\rho}{dt}$ 有負相关, 或高溫空气主要伴随着 $\frac{d\rho}{dt}<0$, 低溫空气主要伴随着 $\frac{d\rho}{dt}>0$, 空气密度变化主要是由鉛直运动而来, 上升則密度下降, 下沉則密度上升. 因此 T 和 $\frac{d\rho}{dt}$ 的負相关也可以看成 T 和 w 的正相关. 所以由上式看, 随着热量的向上傳送, 位能也轉成了动能.

角动量的向北輸送过程和热量或动能的輸送过程又有什么关联呢, 首先, 第八章中的計算已經指出跨过緯圈角动量的向北輸送主要是靠大型扰动来完成的, 在这里經圈环流的作用可以暫时不計, 至少在北緯 30° 以北可以如此. 在大型扰动中 $\overline{uw}>0$ 是通过不稳定扰动的地轉偏差作用而来的（參看第八章 §4）, 上面已經指出热量的向北和向上輸送也是通过不稳定扰动完成的. 这样不稳定的扰动就把角动量向北的輸送过程和热量輸送过程联系起来.

另一方面大型渦旋对角动量和热量的輸送在能量轉換的过程中起着非常重要的作用, 太陽輻射所造成的南北向溫度梯度一方面造成西风的斜压不稳定产生大型扰动, 另一方面又形成大气的有效位能. 这种基本气流的位能通过大型渦旋对热量的輸送 $(\overline{\rho T'v'})$ 轉成扰动位能, 而扰动动能又通过大型渦旋对角动量的輸送 $(\overline{\rho u'v'})$ 轉成基本气流的动能, 所以在大气角动量和热量平衡过程中也完成了維持大气环流动能的平衡过程. 在这种过程中大型渦旋起了紧密联系的作用.

虽然这几种物理过程是通过大型扰动联系了起来, 但是他們之間有着重要的不同. 首先我們由第八章中看到随着不稳定扰动的發展, u 和 v 的正相关越来越大, 到最后扰动發展到頂点成为常定狀态，u 和 v 的正相关也达到最大，也就是 角动量向北輸送率达到最大．可是这时某緯度以南的大气对其以北大气所作的功率反而很小[*]．

此外，热量或动能向北輸送在低空最大，而角动量的輸送在高空最大．这是'它們輸送过程的不同，但这也正是大气环流內在統一的又一个表现，前面已經指出在內在統一的要求下，热量在低空向北輸送最大是必然的．角动量为什么在高空輸送最大呢，首先低緯度的 Hadley 环流将角动量帶到了高空，同时輸送角动量的机構——大型不稳定扰动也是在高空最發展，所以角动量的輸送量在高空最大．此外在中高緯度西風速度向上增加甚强，湍流作用要将角动量經常地自高空傳送到低空，因此中高緯高空需要角动量的补充，这也促使角动量在高空向中高緯輸送最大．既然不稳定波在高空發展最强，而热量在低空向北輸送最大，这表明一定还有其他的机構也輸送热量，而这机構在低空比較發达．看来这种机構可能就是大气中的短波．至於短波的热量輸送过程如何与長波的角动量輸送过程联系起来，則是有待进一步研究的問題．

在本章中我們一直在强調大型不稳定扰动的重要性．如果沒有摩擦，阻尼扰动将要产生与不稳定扰动完全相反的作用．在大气中平均不稳定扰动的数目应該与阻尼扰动的数目相等，这样在大气的平均情况下就沒有了热量的向北和向上的輸送，也就沒有了位能轉成动能．沒有位能轉成动能倒是与沒有摩擦相符合的．因为沒有摩擦，也沒有了动能的消耗，因此就不需要位能轉成动能．但这样則輻射差额的补偿将無法滿足．有了摩擦，則阻尼扰动不能产生与不稳定扰动完全相反的作用．扰动还未到达理想的中性阶段时卽开始阻尼．換句話說，当温度波还在落后於气压波时扰动卽开始阻尼．因此，总的結果热量还在向北和向上輸送，这样輻射差额的补偿就可以滿足了．同时由於有热量的向上輸送，

---

[*]因为这时运动接近了地轉風．在地轉風場中

$$\mathbf{v}_g \cdot \nabla p = 0, \quad \operatorname{div} \mathbf{v}_g \simeq 0,$$

因而

$$\operatorname{div} p\mathbf{v}_g \simeq 0 \tag{11·3}$$

时上式对某緯度 φ_1 以北的体积积分得

$$\int_0^\infty \int_0^{2\pi} \int_{\varphi_1}^{\pi/2} \left[\frac{1}{a\cos\varphi} \frac{\partial pu_g}{\partial \lambda} + \frac{1}{a\cos\varphi} \frac{\partial pv_g \cos\varphi}{\partial \varphi} \right] a^2 \cos\varphi \, d\varphi d\lambda dz \simeq 0, \tag{11·4}$$

由此可得

$$a\cos\varphi_1 \int_0^\infty \int_0^{2\pi} pv_g \, d\lambda dz \simeq 0. \tag{11·5}$$

由此可見南方大气对北方大气所作的功主要是由地轉偏差而来的．

因此我們还可以想到在純粹地轉風場中可感热量的向北輸送可以接近於零，因为这时

$$\int_0^\infty \int_0^{2\pi} pv_g \, d\lambda dz = R \int_0^\infty \int_0^{2\pi} \rho Tv_g \, d\lambda dz \simeq 0 .$$

物理方面是可以这样解釋的：在發展的不稳定扰动中温度波落后於气压波，$\overline{Tv} > 0$．到了末期温度波与气压波趋於一致（因为有摩擦关系，不稳定扰动發展到最高峯时，温度波仍稍落后於气压波）．

由上面的討論可以看出一般用地轉風計算热量向北輸送是不够妥当的，至於計算的結果不为零，是因为我們虽然用了地轉風，但是温度場不是地轉風場中的温度場，而是实际温度場．

也就有位能的轉換,摩擦消耗也就可以补偿了.

总之,我們可以看到大气环流是在一定的外在因子作用下各种物理現象和过程的内在統一的整体,大气环流的主要成員——經圈环流、东西風帶、急流、大型扰动、平均槽脊和平均温度場都是相互联系、相互制約的,大气环流中的主要的物理平衡过程——角动量平衡、能量平衡、热量平衡也是相互联系、相互制約的.而大气斜压不稳定所造成的大型扰动是它們相互联系、相互制約过程中的一个重要的中心环节,它将各种基本成員和各种主要物理量平衡过程有机地联系起来、貫串起来,成为大气环流的内在統一.

§3. 今后的工作

因为大气环流牽涉的范圍很广,显然本書所涉及的若干問題仅仅是大气环流問題中的一小部分,卽使在这些所討論的問題里也仅是总結了作者所掌握到的已有的研究成果,並在其中某些成果上作了一些进一步的研究.無論在研究的深度上或广度上都离开問題的解决差得很远.例如,东西風帶和經圈环流的形成物理过程以及它們之間的相互关系还应該深入地研究.在水平平均环流的形成方面大多是綫性化的問題,而且在地形影响的問題上,考虑大气垂直稳定度的效应以及風速的切变的作用还不够.加热作用的研究还不如地形影响的研究那样多,至於兩方面相互制約作用的討論更是很少. 在大气环流短期变化方面我們仅討論了綫性化的不稳定的理論,而且在綫性化的理論中風速的水平切变与垂直切变的相互作用沒有体現出来. 在这方面我們認为不稳定变化个案的分析还是重要的,通过个案分析我們可以了解变化过程的物理机制,这样可以使理論研究更有基础. 在温度場的形成方面还仅限於由热力方程出發的理論,然而温度場和風場是相互制約的,所以我們应該研究風場和温度場相互制約下的温度場形成理論.在緯圈环流的維持方面,西風急流形成的模式还是很初步的. 还应該进一步研究 $\overline{uv} > 0$ 生成的物理机制,在这方面我們只提供了初步的討論. 在能量相互轉換方面的研究还处在开始阶段,首先是由实际記录的計算还非常缺乏,物理机制的討論还不够. 在热量平衡方面首先应該开展实际的計算,然后是理論的分析. 水分循环也是重要的課題,这方面的实际計算和理論分析还只剛开始,水分循环对大气环流的作用(例如凝結加热的作用)的研究是应該及早注意的.

上面所列的問題仅涉及本書所討論到的一些課題,至於本書沒有涉及到的而大气环流应該包括的問題还很多,例如低緯环流以及高低緯度环流的关系,南半球的环流以及南北半球环流的关系,平流層中的环流,平流層和对流層环流的关系以及它們之間的大气的变換等.太陽輻射如何通过地面及大气的吸收(尤其是高空臭氧層的吸收)以影响大气环流也是重要的問題. 通过这个問題的研究,我們才能比較清楚地了解太陽輻射和天气变化的关系,这样才能更好地通过太陽輻射的長年变化以預告長年的天气变化. 当然在这方面年与年的环流变化的实况研究以及这种变化与太陽輻射关系的研究也是重要的. 在第一章里我們提到了一些关于大气环流季节变化的观测事实,但是关于大型天气的長期变化过程我們还知道的不够多,在这方面無論实况的研究和理論的分析都是同样重要的,通过这項研究我們就可以更深刻地了解大气环流季节变化的物理过程.这将大大有助於一个月以上的長期預告.

总的說来,我們可以看到大气环流中还有許多重要的問題急待努力研究,这些問題的解决途徑一方面要依靠大量客观事实的物理过程的深刻了解和分析，另一方面要靠非綫性运动的理論，而快速电子計算机的完成正担負了这个任务，依賴它所作的大气环流的数值动力方法正是今后工作的生長点。 目前新技术条件对观測事实和理論分析的貢献，正对今后大气环流的研究展开了無比广闊深远的道路。

参 考 文 献

[1] Mintz, Y.: The observed zonal circulation of the atmosphere. *Bull. Am. Met. Soc.* 35 (1954), 208—214.

[2] Yeh, T. C. (叶笃正): The circulation of the high troposphere over China in the winter of 1945—46. *Tellus.* 2 (1950), 173—183.

[3] Chaudhury, A. M.: On the vertical distribution of wind and temperature over Indo-Pakistan along the meridian 76°E in winter. *Tellus.* 2 (1950), 56—62.

[4] Hsieh, Yi-Ping & Chen Yū-Chau (謝义炳, 陈玉樵): On the wind and temperature fields over Western Pacific and Eastern Asia in winter. *Jou. of Chinese Geoph. Soc.* 2 (1951), 279—298.

[5] Mohri, K.: On the fields of wind and temperature over Japan and adjacent waters during winter of 1950—1951. *Tellus.* 5 (1953), 340—358.

[6] 仇永炎: 冬季东經 140° 剖面上的溫度場与屠場. 北京大学学报, 1 (1956) 62—68.

[7] 鄭鴻勳, 陈隆勳: 1956 年 1 月到 3 月上旬亞洲上空大气环流的結構. 气象学报, 27 (1956), 361—382.

[8] 陶詩言, 陈隆勳: 夏季亞洲大陆上空大气环流的結構. 气象学报, 28 (1957), 234—247.

[9] Willet, H. C.: Descriptive meteorology. New York, Academic Press. (1944), 64—65, 132—133.

[10] Hess, S. L.: Some new mean meridional cross-sections through the atmosphere. *J. Met.* 5 (1948), 293—300.

[11] Kochanski, A.: Cross sections of the mean zonal flow and temperature along 80°W. *J. Met.* 12 (1955), 95—106.

[12] James, R. W.: A February cross-section along the Greenwich meridian. *Met. Mag.* 80 (1951), 341—346.

[13] Johnson, D. H.: A Further study of the upper westerlies; the structure of the wind field in the eastern North Atlantic and western Europe in January 1950. *Q. J. Roy. Met. Soc.* 79 (1953), 402—407.

[14] Bannon, J. K.: Some aspects of the mean upper-air flow over the earth. *Proc. Toronto. Met. Conf.* (1953), 109—121.

[15] Hubert, W. and Dagel, Y.: Upper mean flow over the North Atlantic during January 1952. *Tellus.* 7 (1955), 111—117.

[16] Namias, J. and Clapp, P. F.: Confluence theory of the high tropospheric jet stream. *J. Met.* 6 (1949), 330—336.

[17] 顧震潮: 論环流年变与环流基本性質. 气象学报, 24 (1953), 69—99.

[18] 陶詩言: 北半球 500 毫巴平均圖. 北京中央气象科学研究所出版(1957).

[19] United States Weather Bureau: Normal weather charts for the northern hemisphere. *U. S. W. B. Tech. Paper.* No. 17 (1952).

[20] Petterssen, S.: Some aspects of the general circulation of the atmosphere. *Centenary Proc. Roy. Met. Soc.* (1950), 120—155.

[21] 高由禧, 章名立: 东亞季風問題及其某些特征. 地理学报, 23 (1957), 55—67.

[22] 黄仕松: 控制大气环流的基本因子. 气象学报, 26 (1955), 35—64.

[23] Hadley, G.: Concerning the cause of the general trade winds. (1735). *Reprinted in the Mechanics of the Earth's Atmosphere*, Smithsonion Inst. Misc. Coll., 51 (1910).

[24] Riehl, H. and Yeh, T. C. (叶笃正): The intensity of the net meridional circulation. *Q. J. B. Met. Soc.* 76 (1950), 182—188.

[25] Tucker, G. B.: Evidence of a mean meridional circulation in the atmosphere from surface-wind observations. *Q. J. R. Met. Soc.* 83 (1957), 290—302.

[26] 叶笃正, 邓根云: 1950 年平均經圈环流与角动量的平衡. 气象学报, 27 (1956), 307—322.

[27] Buch, H. S.: Hemispheric wind conditions during the year 1950. *M. I. T. Final. Rep. Part 2, Gen. Circul. project.* No. AF 19—122—153 (1954).

[28] 朱抱眞: 大尺度热源、热匯和地形对西風帶的常定扰动. (一)气象学报, 28 (1957), 122—140.

[29] Trewartha, G. T.: *An introduction to climate.* 3rd ed. McGraw-Hill Book Co. Inc., 1954, 402.

[30] 楊鑑初: 北半球大气質量的平均月際变化. 气象学报, 27 (1956), 37—59.

[31] Дзердзеевский, В. Л. и Монин, А. С.: Типовые схемы общей циркуляции атмосферы в северном полушарии и индекс циркуляции. *Изв. АН СССР, Серия Геофиз.* (1954), 562—573.

[32]　叶篤正,高由禧,刘匡南:1945—1946 年亚洲南部和美洲西南部急流进退的探討. 气象学报,23 (1952), 1—32.

[33]　Yin M. T.: A, synoptic-aerological study of the onset of the summer monsoon over India and Burma. *J. Met.* 6 (1949), 393—400.

[34]　Sutcliffe, R. C. and Bannon, K.: Seasonal changes in upper-air conditions in the Mediter-ranean-Middle East Asia. *Scientific Proc. of U. G. G. I. Rome. Sept.* (1954), 322—334.

[35]　叶篤正,陶詩言,李麦村: 6 月和 10 月高空环流的突变（卽將發表）

[36]　Namias, J. and Clapp, P. F.: Observational studies of general circulation patterns. *Comp. of Met.* (1951), 551—567.

[37]　顧震潮: 由气压变率論中国春季环流的特殊性. 气象学报, 23 (1952), 123—129.

[38]　Rex, D. F.: Blocking action in the middle troposphere and its effect upon regional climate. *Tellus.* 2 (1950), 196—211, 275—301.

[39]　叶篤正,朱抱眞: 从大气环流变化論东亚过渡季节的来临. 气象学报, 26 (1955), 71—87.

[40]　Rossby, C. G. and Willett, H. C.: The circutation of the upper troposphere and lower stra-tosphere. *Science.* 180 (1948), 643—652.

[41]　Berggren, R., Bolin, B. and Rossby, C. G.: An aerological study of zonal motion, its pertur-bations and breakdown. *Tellus.* 1 (1949), 14—37.

[42]　Namias, J.: The index cycle and its role in the general circulation. *J. Met.* 7 (1950), 130—139.

[43]　Palmén, E.: The aerology of extratropical disturbances. *Compendium of Met.* (1951), 599—620.

[44]　Defant, F.: Über den Mechanismus der unperiodischen Schwankungen der allegmeinen Zir-kultation der Nordhalbkugel. *Arch. Met. Geoph. Biokl. A.* Bd. 6 (1954), 254—279.

[45]　陶詩言: 阻塞形势破坏时期的东亚一次寒潮过程. 气象学报,28 (1957), 63—74.

[46]　地球物理研究所天气組: 平直西風环流建立的物理机制的个案分析.（倘未發表）

[47]　Rossby, C. G.: Relation between variations in the intensity of the zonal circulation of the atmosphere and displacement of semi-permament centers of action. *Jou. of Marine Res.* 2 (1939), 38—55.

[48]　Храбров, Ю. Б.: Прогноз волн холода в Средей Азий на естественный синоптический период. *Труды ЦИП.* вып. 19 (1949), 117—133.

[49]　Гирс, А. А.: К Вопрос изучения основных форм . атмосферной циркуляции. *Мет. и Гид.* (1948), 9—21.

[50]　Defant, F.: Über Charakteristische Meridional Schnitte der Temperatur für High und low Index-Typen der Allgemeinen Zirkulation und über die Temperaturänderungen Während ihrer Umwandlungs-perioden. *Arch. Met. Geoph. und Biok.* 6 (1954), 280—286.

[51]　Riehl, H., Yeh, T. C. (叶篤正) and La Seur, N. E.: A study of variations of the general circulation. *J. Met.* 7 (1950), 181—194.

[52]　Brunt, D.: *Physical and dynamical meteorology.* 2nd ed. Cambridge, University Press. (1939).

[53]　Simpson, G. C.: The distribution of terrestrial radiation. *Memoirs of Roy. Met. Soc.* 23 (1929), 53—78.

[54]　Кочин, Н. Е.: Об упрощении уравнений гидромеханики для случая общей циркуляции атмосферы. *Н. Е. Кочин Собрание сочинений.* том 1. (1949), 286—310. издат. АН СССР.

[55]　Кибель, И. А.: Предложение к метеорологии уравнений механики бароклинной жидкости. *Изв. АН СССР Сер. Географ и Геоф.* 5 (1940), 627—638.

[56]　Charney, J. G.: On the scale of atmospheric motions. *Geofys. Publ.* 17 (1948), 17.

[57]　Тверской, Л. Н.: Курс метеорологии. (физика атмосферы). Гидрометео. зидат. (1951), стр. 888.

[58]　Taylor, G. I.: Experiments with rotating fluids. *Proc. Roy. Soc. London.* A 100 (1921), 144—121.

[59]　Fultz, D.: A Preliminary report on experiments with thermally produced lateral mixing in a rotating hemispheric shell of liquid. *J. Met.* 6 (1949), 17—33.

[60]　Hide, R.: Some experiments on thermal convection in a rotating fluid. *Q. J. Roy. Met. Soc.* 79 (1953), 161.

[61]　Riehl, H.: On the role of the tropics in the general circulation of the atmosphere. *Tellus.* 2 (1950), 1—17.

[62]　Prandtl, L. and Tietjens, O. G.; *Applied hydro-and aeromechanics.* London, McGraw-Hill Company, Inc. (1934), 311.

[63]　Fultz, D. and Long, R. R.: Two dimensional flow around a circular barrier in a rotating spherical shell. *Tellus.* 3 (1951), 61—68.

[64]　Charney, J. G. and Eliassen, A.: A numerical method for predicating the perturbations of the middle latitude westerlies. *Tellus.* 1 (1949), 38—54.

[65]　Yeh, T. C. (叶篤正): On the formation of quasi-geostrophic motion in the atmosphere. *Jou.*

Met. Soc. Japan, the 75 th Anniversary Volume. (1957), 130—134.

[66] Kuo, H. L. (郭曉嵐): Symmetrical disturbances in a thin layer of fluid subject to a horizontal temperature gradient and rotation. J. Met. 11 (1954), 399—411.

[67] Rossby, C. G.: Dynamics of steady ocean currents in the light of experimental fluid mechanics, Pap. in Phys. Oceano. and Met. 5 (1936).

[68] Rossby, C. G.: On the mutual adjustment of pressure and velocity distributions in certain simple current systems. I, II. Jou. Marine Res. 1 (1937—38), 15—27, 239—263.

[69] Cahn, A.: An investigation of free oscillations of simple current system. J. Met, 2 (1945), 113—119.

[70] Bolin, B.: The adjustment of a non-balanced vilocity field towards geostrophic equilibrium in a stratified fluid. Tellus. 5 (1953), 373—385.

[71] Обухов, А. М.: К вопросу о геострофическом ветре. Изв. АН СССР, Сер. Геогр. и Геофиз, 13 (1949), 281—306.

[72] Raethjen,-P.: Über gegenseitige adaptation der Druck und Stromfelder. Arch. Met. Geoph. u. Biok. A. Bd. 2 (1950), 207—222.

[73] Кибель, И. А.: О приспособлении движения воздуха к геострофическому. Док. АН СССР, 104 (1955), 60—63.

[74] Taylor, G. I.: The transport of vorticity and heat through fluids in turbulent motion. Proc Roy. Soc. A 35 (1932-), 665.

[75] Spilhaus, A. F.: Note on the flow of streams in a rotating system. J. Mar. Res. 1 (1937—38), 29—33.

[76] Houghton, H. G. and Austin, J. M.: A study of nongeostrophic flow with applications to the mechanism of pressure changes. J. Met. 3 (1946), 57—77.

[77] Bannon, J. K.: The angular deviation of the wind from the isobars at Liverpool. Q. J. R. Met. Soc. 75 (1949), 131—146.

[78] Bodurtha, Frank T.: Deviations from the geostrophic wind. S. M. Thesis, M. I. T. (unpublished 見 [76]).

[79] University of Chicago, Dep. of Met. On the general circulation of the atmosphere in middle latitudes. Bull. A. Met. Soc. 28 (1947), 255—280.

[80] Kuo, H. L. (郭曉嵐): Forced and free axially-symmetric convection produced by differential heating in a rotating fluid. J. Met. 13 (1956), 521—527.

[81] Kuo, H. L. (郭曉嵐): Forced and free meridional circulations in the atmosphere. J. Met. (1956), 561—568.

[82] Phillips, N. A.: The general circulation of the atmosphere: a numerical experiment. Q. J. R. Met. Soc. 82 (1956), 123—164.

[83] Willet, H. C.: General Circulation of the atmosphere. Papers in Phys. Ocean. and Met. 8 (1940), No. 3. 1—25.

[84] Ferrel, W.: The motion of fluid of solid on the earth's surface. Runkle's Math. Month. 1859—60. (見 [87]).

[85] Siemens, W.: Über die Erhaltung der Kraft in Luftmasse der Erde. Sitz. Ber. Preuss. Akad. der Wiss., 1886, 261—275 (見 [87]).

[86] Oberbeck, A.: Über die Bewegungserscheinungen der Atmosphere. Sitz. Ber. Presuss. Akad. der Wiss., 1888. 283—395.

[87] Sprung, A.: Über die Theorien der allgemeinen Windsystems der Erde, mit besondered Rücksicht auf den Antipassat. Met. Zeit., 5 (1890), 161—177.

[88] Helmholtz, H.: Über atmosphärische Bewegungen. Sitzungsber. der Preuss. Akad. (1888).

[89] Rossby, C. G.: On the distribution of angular velocity in gaseous envelopes under the influence of large scale horizontal mixing processes. Bull. Am. Met. Soc. 28 (1947) 53—68.

[90] Kropatscheck, F.: Die Mechanik der gross Zirkulation der Atmosphäre. Beitr. Physik. fr. Atmos. 22 (1935), 272—298.

[91] Arakawa, H.: On the general circulation of the atmosphere and its seasonal variation. Geophy. Mag. 8 (1935), 219—295.

[92] Prandtl, L.: Essentials of fluid dynamics. Blackie and Son Limited. (1952), 391—396.

[93] Берляд, О. С.: Распределение атмосферного давления по поверхности земли в случае стационарной зональной циркуляции атмосферы. Изв. АН СССР, Сер.Геогра и Геофиз. 14 (1950), 255—259.

[94] Машкович, С. А.: О сезонных изменениях струйных течений. Мет.. и Гидр. (1956), 14—21.

[95] Davies, T. V.: The forced flow of a rotating viscous liquid which is heated from below Phil. Trans. Roy. Soc. A246 (1953), 81—112.

[96] Rogers, M. H.: The forced flow of a thin layer of viscous fluid on a rotating sphere. *Proc. Roy. Soc. London*. A 224. (1954), 192—208.

[97] Eliassen, A.: Slow thermally or frictionally controlled meridional circulations in a circular vortex. *Astrophy. Norv.* 5 (1952), 19—60.

[98] Priestley, C. H. B.: A survey of the stress between the ocean and atmosphere. *Union Geod. Geophys. Compte rendu du symposium sur la circulation general des oceas et de l'atmosphere.* (1951), 64.

[99] Mintz, Y.: Final computation of the mean geostrophic poleward flux of angular momentum and of sensible heat in the winter and summer of 1949. [Final Rep., Contract AF 19 (122), 48], Los Angeles, Uni. Calif. (1955), 14.

[100] Берлянд, Т. Г.: Тепловой баланс атмосферы северного полушария. *А. И. Воэйков и Современные проблемы климатологии.* (1956), 226—252.

[101] Phillips, N. A.: Energy transformations and meridional circulations associated with simple baroclinic waves in a two-level, quasi-geostrophic model. *Tellus* 6 (1954), 272—286.

[102] Yeh, T. C. (叶篤正): On the maintenance of zonal circulation in the atmosphere. *J. Met.* 7 (1950), 146—150.

[103] van Mieghem, J.: Transport and production of vorticity in the atmosphere. *Tellus.* 6 (1954), 170—176.

[104] Kuo, H. L. (郭曉嵐): The motion of atmospheric vortices and the general circulation. *J. Met.* 7 (1950), 247—258.

[105] Kuo, H. L. (郭曉嵐): Vorticity transfer as related to the development of the general circulation. *J. Met.* 8 (1951), 307—315.

[106] Rossby, C. G.: On the vertical and horizontal concentration of momentum in air and ocean currents. *Tellus.* 3 (1951), 13—27.

[107] 朱抱眞: 西風急流發展过程中的垂直运动. 气象学报, 22 (1951), 127—136.

[108] Endlich, R. M.: A study of vertical velocities in the vicinity of jet streams. *J. Met.* 10 (1953), 407—415.

[109] Блинова, Е. Н.: Гидродинамическая теория волн давления и центров действия атмосферы. *Док. АН СССР.* 39 (1943), 284—287.

[110] Sutcliffe, R. C.: Mean upper contour patterns of the northern hemisphere—A thermal-synoptic view point. *Q. J. Roy. Met. Soc.* 77 (1951), 435—440.

[111] Berkofsky, L. and Bertoni, E. A.: Mean topographic charts for the entire hemisphere. *Bull. Am. Met. Soc.* 36 (1955), 350—354.

[112] Jacobs, W. C.: The energy acquired by the atmosphere over the oceans through condensation and through heating from the sea surface. *J. Met.* 6. (1949), 266—272.

[113] Будыко, М. И., Берлянд. Т. Г., Зубенок, Л. И.: Тепловой баланс поверхности земли. *Изв. АН СССР, Серия Географическая.* 3 (1954), 17—41.

[114] Wexler, H.: Determination of the normal regions of the heating and cooling in the atmosphere by means of aerological data. *J. Met.* 1 (1944), 23—27.

[115] Погосянъ, X. П.: Сезонные колебания общей циркуляции атмосферы. *Тру ЦИП.* 1 (1947).

[116] Möller, F.: Die Wärmebilanz der freien atmosphäre im Januar. *Met. Runds*. 3 (1950), 97—108.

[117] Aubert, E. F. and Winston, J. S.: A study of atmospheric heat sources in the northern hemisphere for monthly periods. *J. Met.* 8 (1951), 115—125.

[118] Wippermann, F.: Die Konfiguration mittlerer Höhenstomungsfelder und ihre Ursachen. *Tellus.* 4 (1952), 112—117.

[119] 堪紀平: 从冬季东亚常定流型計算冷、热源分布的初步研究. 气象学报, 27 (1956), 167—179.

[120] Malkus, J. S. and Stern, M. E.: The flow of a stable atmosphere over a heated island. Part. I. Part II. *J. Met.* 10 (1953), 30—41, 105—120.

[121] Smith, R. C.: Theory of air flow over a heated land mass. *Q. J. R. Met. Soc.* 81 (1955), 382—395.

[122] Баев, В. К.: Нестационарные конвективные течения. *Труды ЦИП.* 43—70 (1956), 3—18.

[123] Чекирда, А. З.: К гидродинамической теории центров действия атмосферы. *Изв. АН СССР. Серия Геофиз.* (1957), 954—958.

[124] Haurwitz, B. and Craig, R. A.: Atmospheric flow patterns and their representation by spherical-surface harmonics. *Geoph. Res. Paper.* 14 (1953).

[125] Namias, J. and Clapp, P. H.: Normal fields of Convergence and divergence at the 10,000 foot level. *J. Met.* 3 (1946), 14—22.

[126] Smagorinsky, J.: The dynamical influence of largescale heat sources and sinks on the quasi-stationary mean motion of atmosphere. Q. J. Roy. Met. Soc. 79 (1953), 342—366.

[127] 朱抱真: 大尺度热源、热汇和地形对西风带的常定扰动(二), 气象学报, 28 (1957), 198—224.

[128] Lyra, G.: Über den Einfluss von Bodenerhebungen auf die Strömung einer stabil geschicheten atmosphäre. Beit. phys. frei. Atmos. 26 (1940), 197—206.

[129] Queney, P.: Theory of perturbations in stratified currents with application to airflow over mountain barriers. Chicago Univ. Dept. of Met. Misc. Rep. (1947), No. 23.

[130] Scorer, R. S.: Theory of waves in the lee of mountains. Q. J. Roy. Met. Soc. 75 (1949), 41—56.

[131] Дородницын, А. А.: Влияние рельфе земной поверхности на воздушные течения. Труды ЦИП вып. 21: 48 (1950).

[132] 叶笃正: 小地形对於气流的影响. 气象学报, 27 (1956), 243—262.

[133] Bolin, B.: On the influence of earth's orography on the general character of the westerlies. Tellus. 2 (1950), 173—183.

[134] Мусаелян, Ш. А.: Пространственная задача обтекания неровностей земной поверхности с учетом сферичности земли. Док. АН СССР, 103 (1955), № 3.

[135] Murakami, T.: The topographical effect upon the stationary upper flow patterns. Papers in Met. and Geophy. 7 (1956), 69—89.

[136] 巢纪平: 斜压西风带中大地形有限扰动的动力学. 气象学报, 28 (1957), 303—313.

[137] Steward, H. J.: A theory of the effect of obstacles on the woves in the westerlies. J. Met. 5 (1948), 193—196.

[138] Gambo, K.: The topographical effect upon the jet stream in the westerlies. J. Met. Soc. Japan. 34 (1956), 24—28.

[139] Charney, J. G.: The dynamics of long waves in a baroclinic westerly current. J. Met. 4 (1947), 125—162.

[140] Long, R. R.: The flow of a liquid past a barrier in a rotating spherical shell. J Met. 9 (1952), 187—199.

[141] Long, R. R.: Some aspects of the flow of stratified fluids. I. II. III. Tellus. 5 (1953), 42—58, 6 (1954), 97—115, 7 (1955), 341—357.

[142] Fultz, D. and Frenzen, P.: A note on certain interesting ageostrophic motions in a rotating hemispherical shell. J. Met. 12 (1955), 332—338.

[143] Е Ту-Чжэн и Гу Чжэнь-Чао (叶笃正, 顾震潮): Влияние Тиоетского нагорья на атмосферую циркуляцию и на погоды Китал. Изв. АН СССР. Сер. Географ. (1956), 127—139.

[144] Мхитарян, А. М.: Учет приземного трения в задача о распределении давления на урвне моря. Изв. АН СССР. Сер. Геофиз. (1955), 80—83.

[145] Milankovitch, M.: Mathematische Klimalehre. In Köppen-Geiger, Handbuch der Klimatologie. Berlin, Gebruder Borntrager. 1A (1930).

[146] Defant, F.: Das mittlere meridionale Temperaturprofil in der troposphäre als Effekt von vertikalen und horizontalen Austauschvorgängen und Kondensationswärme. Arch. Met. Geoph. Biok. A2 (1950), 184—206.

[147] Hess, S. L. and Frank, R. M.: A theory of the temporal and latitudinal distribution of temperature. J. Met. 10 (1953), 135—142.

[148] Кибель, И. А.: Распределение температуры в земной атмосфере. Док. АН СССР. 39 (1943), 18—22.

[149] Блинова, Е. Н.: К вопросу о среднем годовом распределении температуры в земной атмосфере материков и океанов. Изв. АН СССР. Сер. Географ. и Геофиз. 11 (1947), 1—14.

[150] Курбаткин, Г. П.: Определение методами гидродинамики годового хода температуры воздуха на уровне моря. Изв. АН СССР. Сер. Геофиз. № 2 (1957), 228—243.

[151] Ракипова, Л. Р.: Средняя годовая зональная температура земной атмосферы и определяющие ее факторы. Труд. ГГО вып. 41—103 (1953), 11—25.

[152] 朱抱真: 关於大尺度地形对平均温度场形成作用的一个讨论. 气象学报, 28 (1957), 315—318.

[153] Palmén, E.: Origin and structure of high-level cyclones south of the maximum westerlies. Tellus. 1 (1949), 22—31.

[154] Bjerknes, J. and Holmboe, J.: On the theory of cyclones. J. Met. 1 (1944), 1—22.

[155] Haurwitz, B.: The motion of atmospheric disturbances. J. Mari. Res. 3 (1940), 35—50.

[156] Kuo, H. L. (郭晓岚): Dynamic instability of twodimensional non-divergent flow in a barotropic atmosphere. J. Met. 6 (1949), 105—122.

[157] Sverdrup, H. U.: Dynamics of tides on the north Siberian Shelf. Geophys. Publ. 4 (1927), No. 5, pp. 75.

[158] Rossby, C. G.: On the propagation of frequencies and energy in certain types of oceanic and atmospheric waves. *J. Met.* 2 (1945), 187—204.

[159] Yeh, T. C. (叶篤正): On energy dispersion in the atmosphere. *J. Met.* 6 (1949), 1—16.

[160] Carlin, A. V.: A case study of the dispersion of energy in planetary waves. *Bull. Amer. Met. Soc.* 34 (1953), 311—318.

[161] Charney, J.: On a physical basis for numerical predication of large-scale motions in the atmosphere. *J. Met.* 6 (1949), 371—385.

[162] Namias, J. and Clapp, P. F.: Studies of the motion and development of long waves in the westerlies. *J. Met.* 1 (1944), 57—77.

[163] Bjerknes, J. and Solberg, H.: Life cycle of cyclones and the polar front theory of atmospheric circulation. *Geophys. Publ.* 3 (1922), 18.

[164] Solberg, H.: Das Zyklonenproblem. *Proc. 3rd int.-Congr. Appl. Mech.*, Stockholm, 1 (1931), 121—131.

[165] Godske, C. L.: Zur theorie des Bildung aussertropischer Zyklonen. *Meteor. Zeit.* 12 (1936).

[166] Bjerknes, J.: Extratropical cyclones. *Compendium of Meteor.* Boston, *Am. Met. Soc.* (1951), 577—598.

[167] Jaw, J. J. (赵九章): The formation of semipermanent centers of action in relation to the horizontal solenoid field. *J. Met.* 3 (1946), 103—114.

[168] Eady, E. T.: Long waves and cyclone waves. *Tellus.* 1 (1949), 33—52.

[169] Eady, E. T.: The quantitative theory of cyclone development. *Compendium of Meteor.* Boston, *Amer. Met. Soc.* (1951), 464—469.

[170] Berson, F. A.: Summary of a theoretical investigation into the factors controlling the instability of long waves in the zonal currents. *Tellus.* 1 (1949), 44—52.

[171] Fjørtoft, R.: Application of integral thorems in deriving criteria of stability of laminar flows and of baroclinic circular vortex. *Geophys. Publ.* 17 (1950), 1—52.

[172] Sutcliffe, R. C.: The quasi-gestrophic advective wave in a baroclinic zonal current. *Q. J. R. Met. Soc.* 77 (1951), 226—234.

[173] Kuo, H. L. (郭曉嵐): The stability properties and structure of disturbances in baroclinic zonal current. *J. Met.* 9 (1953), 260—278.

[174] Thompson, P. D.: On the theory of large-scale disturbances in a two-dimensional baroclinic equivalent of the atmosphere. *Q. J. R. Met. Soc.* 79 (1953), 51—69.

[175] Gambo, K.: On the general stability of atmospheric disturbances. *Geophy. Notes.* 2 (1949), 1—10.

[176] Fleagle, R. G.: On the dynamics of the general circulation. *Q. J. R. Met. Soc.* 83 (1957), 1—20.

[177] Gates, W. L.: A dynamical model for large-scale tropospheric and stratospheric motions. *Q. J. R. Met. Soc.* 83 (1957), 141—160.

[178] Fjørtoft, R.: Stability properties of large-scale atmospheric disturbances. *Compendium Meteor.* Boston, *Am. Met. Soc.* (1951), 454—463

[179] Fleagle, R. G.: Quantitative analysis of factors influencing pressure change. *J. Met.* 5 (1948), 281—292.

[180] Kuo, H. L. (郭曉嵐): Energy-releasing processes and stability of thermally driven motions in a rotating fluid. *J. Met.* 13 (1956), 82—101.

[181] Sutcliffe, R. C.: A contribution to the problem of development. *Q. J. R Met. Soc.* 73 (1947).

[182] White, R. M. and Cooley, D. S.: Kinetic-energy spectrum of meridional motion in the mid-troposphere. *J. Met.* 13 (1956), 67—69.

[183] Kubota, S. and Iida, M. M.: Transfer of angular momentum in the atmosphere. *Papers in Met and Geophy.* 5 (1955), 224—232.

[184] Charney, J. G.: Dynamic forecasting by numerical process. *Compendium Meteor.* Boston, *Am. Met. Soc.* (1951), 470—482.

[185] Fjørtoft, R.: On the change in the spectral distribution of kinetic energy for two-dimensional, nondivergent flow. *Tellus.* 5 (1953), 225—230.

[186] Wipperman, F.: Numerische Untersuchungen zur zeitlichen Anderung der Spektralverteilung kinetischer Energie für eine zweidimensionale, divergen- und reibungsfreie Stromung *Archiv fur Met. Geoph. Biok.* A 9 (1956), 1—18.

[187] Jeffreys, H.: On the dynamics of geostrophic winds. *Q. J. R. Met. Soc.* 52 (1926), 85—104.

[188] Starr, V. P.: An essay on the general circulation of the earth's atmosphere. *J. Met.* 5 (1948), 39—43.

[189] Bjerknes, J.: Réunion d'Osle, Programme et Résume des Mémoires. (1948), 13–14.

[190] Widger, W. K.: A study of the flow of angular momentum in month of January 1949. *J. Met.* 5 (1949), 291–299.

[191] Mintz, Y and Munk, W.: The effect of winds and bodily tides on the annual variation in the length of day. *M. N. Roy. Ast. Soc. Geoph. Supplement.* 6 (1954), 566–578.

[192] Smith, H. M. and Tucker. R. H.: The annual fluctuation in the rate of rotation of the earth. *M. N. Roy. Ast. Soc.* 113 (1953), 251–257.

[193] White, R. M.: The role of mountains in the angularmomentum balance of the atmosphere. *J. Met.* 5 (1949), 353–355.

[194] Yeh, T. C. (叶笃正): On the mechanism of maintenance of zonal circulation. (To be published in *Geophysics*. Finland).

[195] Palmén, E.: On the mean meridional drift of air in the frictional layer of the west-wind belts. *R. J. R. Met. Soc.* 81 (1955), 459–461.

[196] Munk, W. H.: A critical wind speed for air-sea boundary processes. *J. Marine Res.* 6 (1947), 203–218.

[197] Mintz, Y.: The geostrophic poleward flux of angular momentum in the month of January 1949. *Tellus.* 3 (1951), 195–200.

[198] Priestley, C. H. B.: A survey of the stress fetween the ocean and atmosphere. *Aus. J. Sci. Res.* Series A, 4 (1951), 315–328.

[199] Sverdrup, H. U.: Wind-driven currents in a baroclinic ocean; with application to the equatorial currents of the eastern Pacific. *Proc. Nat. Acad. Sci.* 33 (1947), 318–326.

[200] Deacon, G. E. R.: Energy exchange between the oceans and the atmosphere. *Nature.* 165 (1950), 173–174.

[201] Munk, W. H.: On the wind-driven ocean circulation. *J. Met.* 7 (1950), 79–93.

[202] Starr, V. P. and White, R. M.: A hemisphereical study of the atmospheric angular-momentum balance. *Q. J. R. Met. Soc.* 77 (1951), 215–225.

[203] Starr, V P. and White, R. M.: Two years of momentum flux data for 31°N. *Tellus.* 4 (1952), 332–333.

[204] Starr, V. P. and White, R. M.: Meridional flux of angular-momentum in the tropics. *Tellus.* 4 (1952), 118–125.

[205] Machta, L.: Dynamic characteristics of a tiltedtrough model. *J. Met.* 6 (1949), 261–265.

[206] Abdullah, A. J.: A note on the tilted-trough model. *J. Met.* 11 (1954), 249–253.

[207] Saltzman, B. and Peixoto, J. P.: Harmonic analysis of the mean northern-hemisphere wind field for the year 1950. *Q. J. R. Met. Soc.* 83 (1957), 360–364.

[208] Palmén, E. and Alaka, A.: On the budget of angular momentum in the zone between equator and 30°N. *Tellus.* 4 (1952), 324–331.

[209] Palmén, E.: The role of atmospheric disturbances in the general circulation. *Q. J. R. Met Soc.* 77 (1951), 337–354.

[210] 叶笃正，楊大昇：北半球大气中角动量的年变化和它的輪送机构．气象学报，26 (1955)，281–294.

[211] Starr, V. P.: On the production of kinetic energy in the atmosphere. *J. Met.* 5 (1948), 193–196.

[212] Starr, V. P.: Note concerning the nature of the large scale eddies in the atmosphere. *Tellus* 5 (1953), 494–498

[213] Charney, J. G.: On baroclinic instability and the maintenance of the kinetic energy of the westerlies. *U. G. G. I. Neuvieme Ass. Gen.* Brussels. (1951), 47–63.

[214] Kuo, H. L. (郭曉嵐): A note on the kinetic energy balance of the zonal wind systems. *Tellus.* 3 (1951), 205–207.

[215] van Mieghem, J.: Energy conversions in the atmosphere on the scale of the general circulation. *Tellus.* 8 (1952), 334–352.

[216] Arakawa, H.: On the time rate of work done by the eddy stresses in the free air, and the maintenance of the westerlies in middle latitudes. *J. Met.* 10 (1953), 392–393.

[217] 叶笃正：大气中动能的制造．气象学报，25 (1954)，279–289.

[218] Lorenz, E. N.: Available potential energy and the maintenance of the general circulation. *Tellus.* 7 (1955), 157–167.

[219] White, R. M.: and Saltzman, B.: On conversions between potential and kinetic energy in the atmosphere. *Tellus.* 8 (1956), 357–363.

[220] Margules, M., Über die Energie der Stürme. Jahrb. (Anh. 1905) Zentralanst. *f. Met Geodyn.*

Wien, 1—26.

[221] Spar, J.: Energy changes in the mean atmosphere. *J. Met*, 6 (1949), 411—415.

[222] 叶篤正,徐淑英: 中緯度对流層上部的能量变化. 气象学报,23 (1953), 193—203

[223] 叶篤正,朱抱真: 对流層下半部平均运动場中的动能制造与消耗 (尙未發表).

[224] Haurwitz, B.: *Dynamic Meteorology.* 1st ed. McGraw-Hill Book Co., Inc., 1941, 365.

[225] Miller, J. E.: Energy transformation functions. *J. Met.* 7 (1950), 152—159.

[226] Blackadar, A. K.: Extension of the laws of thermodynamics to turbulent systems. *J. Met.* 12 (1955), 165—175.

[227] Lettau, H.: Notes on the transformation of mechanical energy from and to eddying motion. *J. Met.* 11 (1954) 196—201.

[228] Starr, V. P.: Commentaries concerning research on the general circulation. *Tellus*, 6 (1954). 268—271.

[229] White, R. M.: The counter-gradient flux of sensible heat in the lower stratosphere. *Tellus*, 6 (1954), 177—179.

[230] Погосян, X. П.: Схема влагооборота в атмосфере. *Изв. АН СССР, Сер. Географ.* (1952), 40—57.

[231] Монин, А. С.: О Макротурбулентном обмене в земной атмосфере. *Изв. АН СССР Сер. Геофиз.* (1956), 452—463.

[232] Benton, G. S. and Estoque, M. A.: Water vapour transfer over the North American Continent. *J. Met.* 11 (1954), 462—477.

[233] White, R. M.: The meridional eddy flux of energy. *Q. J. R. Met. Soc.* 77 (1951), 188—199.

[234] Starr, V. P. and White, R. M: Balance requirements of the general circulation. *Geoph. Res. Paper.* No. 35, G. R. D. Cambridge, Mass.

[235] Sutcliffe, R. C.: Water balance and the general circulation. *Q. J. R. Met. Soc.* 82 (1956). 385—395.

[236] Priestley, C. H. B.: Physical interactions between tropical and temperate latitudes. *Q. J. R. Met.* 77 (1951), 200—214.

[237] White, R. M.: The meridional flux of sensible heat over the Northern Hemisphere. *Tellus.* 3 (1951), 82—88.

[238] Nyberg, A. and Schmacke, E.: Eddy flux of heat and momentum during two years at Stockholm-Bromma. *Tellus.* 3 (1951), 89—99.

[239] Bjerknes, J.: The maintenance of the zonal circulation of the atmosphere. *Un. Geod. et Geophys. Int. Neuviem. Ass. Gen.* Brussels. (1951), I—XXIII.

[240] Palmen, E.: On the mean meridional circulation in low latitudes. *Soc. Sc. Fennica. Comment. Ph-Math.* XVII, 8.

[241] Baur, F. and Phillips, H.: Der warmeaushalt der Lufthülle der Nordhalbkugel in Januar und Juli zur Zeit der Aquinoktien und Solstitien. *Gerl. Beitr. Geophys.* 45 (1935), 82—123.

[242] Reichel, E.: Die Verdunstung im Wasserkreislauf der Erde. *Umschau,* Frankfurt, 52 (1952), 37—39. (見 [235]).

[243] Rossby, C. G.: The scientific basis of modern meteorology. *Handbook of Met.* (1945), 502—529.

[244] Arakawa, A.: On the maintenance of zonal mean flow. *Papers in Met. and Geophy.* 8 (1957), 39—54.

[245] 顧震潮: 近代动力气象学的进展. 气象学报, 22 (1951), 19—22.

SOME FUNDAMENTAL PROBLEMS OF THE GENERAL CIRCULATION OF THE ATMOSPHERE

YEH TU CHENG AND CHU PAO CHEN

(*Institute of Geophysics and Meteorology, Academic Sinica*)

CONTENTS

ABSTRACT

This book gives a critical survey of the past researches on some fundamental problems of the general circulation. Based on the results of the past work the authors have done some further investigations and give here the point of view on these problems.

For brevity, the general survey of the past work is omitted from this abstract and only some essential points and the authors views on each problem are presented.

Besides, the legends of the figures are also given in English.

CHAPTER I.

In this chapter the fundamental observational facts of the general circulation are given. The mean cross sections along the east coasts of Asia and North America and the European coast are presented and compared. The cyclogenesis in relation to the mean flow pattern is discussed. The mean vertical motion in the lower troposphere, the mean meridional circulation and the mean temperature field are described. Finally the synoptic processes of the breakdown and development of the zonal circulation and the seasonal course of the general circulation are given. Among these facts the following are worth mentioning:

1. The distributions of frequency of cyclogensis in January (fig. 1·13) and in July (fig. 1·14) are quite similar, but the pressure patterns in these two months are entirely different. This indicates that the dynamics of the deepening of cyclones in January and July are different.

2. Comparing the mean meridional circulations for the winter (fig. 1·17) and summer (fig. 1·18) of 1950 (constructed from Buch's [27] data) we find that the Hadley cell in the winter hemisphere is more well-developed and it extends to the summer hemisphere. Further the intensity of the mean meridional circulation is stronger in winter than in summer.

3. Fig. 1·21 and fig. 1·22. are the mean vertical motion below 500mb. for January and July respectively. They correspond quite well to the mean flow patterns and show a pronounced seasonal variation.

4. Figs. 1·26a-e illustrate the abrupt variation of the upper zonal circulation along different longitudes (45°E, 90°E, 125°E, 165°E, and 80°W) in the end of May or the beginning of June. They show that the sudden northward shift of the westerlies and jet stream appears earliest over Asia, later over Pacific and latest over North America. The southward onset of the westerlies and jet stream appears in middle October (fig. 1·27a-e). It is also very abrupt though not so abrupt as in June. Further the time sequence of the onset in October along different longitudes is not so clear as that of the retreat in June.

CHAPTER II.

The fundamental factors governing the general circulation are discussed. They are: (1) the ratio of the vertical dimension (taken to be 20-30 km, the atmosphere above which has very little effect on the weather in the lower troposphere) to the horizontal dimension of the atmopshere, (2) the solar radiation, (3) the earth's rotation, (4) the topography and land-and-sea distribution of the earth and (5) the friction.

CHAPTER III.

In this chapter we have discussed first the fundmental reasons for the occurrence of the quasi-geostrophic motion, then the mutual adjustment between the pressure and the velocity field after the breakdown of geostrophic balance and finally the order of deviation from geostrophic motion in the atmosphere.

The fundamental reasons for the occurrence of quasi-geostrophic motion are twofld: (1) the layer of atmosphere in which the meteorological phenomena are concerned is very thin; (2) The temperature contrast produced by radiation to the square of the rate of earth's rotation is small.

The process of mutual adjustment is different for different scales of motion. For small scale motion it is the pressure field which changes to fit the new velocity field to attain new quasi-geostrophic motion; for very large scale it is the velocity field which changes more to give new quasi-geostrophic motion; and for intermediate scale both fields will change. Thus, the cause of formation or destruction of small and deep weather systems is mainly dynamic. The redistribution of mass is rather a result. The direct the m l process can only give small shallow systems. For the motion of a scale of 40—50 degrees latitude both dynamic and thermal processes are important. For the variation of motion of a hemisphere scale it is the thermal process which is mainly important.

CHAPTER IV.

In this chapter the theories of the formation of planetary wind belts (westerlies and easterlies), mean meridional circulation and jet stream are reviewed. From these theories we propose the following viewpoint on the mechanism of formation of the meridional circulation and planetary wind belts: Firstly, the nonhomogeneous nonadiabatic heating and the transfer of angular momentum and sensible heat by large scale disturbances form two forcing functions $\dfrac{R}{ap}\dfrac{\partial H}{\partial \eta}$ and $\dfrac{f}{\cos\varphi}\dfrac{\partial \chi}{\partial p}$ (equ. (4·7)) for the motion in the mean meridional plane[81]. It is due to $\dfrac{R}{ap}\dfrac{\partial H}{\partial \eta}$ (nonadiabatic heating and transfer of sensible heat) that the 3-cell mean meridional circulation is formed. Simultaneous with the formation of mean meridional circulation the planetary wind belts are shaped under the action of the earth's rotation. Once the planetary wind belts are formed, the action of friction on the wind belts comes into play (through the term $g\dfrac{\partial \tau_{nx}}{\partial p}$ in x). Then this term with the other two terms in x in turn strengthens the mean meridional circulation. Thus the formation of the mean meridional circulation and planetary wind belts is due to the combined effect of nonhomogeneous heating, the earth's rotation and the transfer of angular momentum and sensible heat by large-scale disturbances. Naturally they are mutually interrelated.

Further it should be pointed out that the shape or number of cells in the mean meridional circulation is closely related to the N-S scale of the disturbances. When there is roughly one wave band (i. e. one high belt and one low belt) in one hemisphere the number of meridional cells is 3. When there were two and half wave bands the mean meridional circulation would become one huge cell.

Thus we see that large-scale disturbances play an important role in the formation of mean meridional circulation and planetary wind belts. It is further pointed out that large-scale disturbances are also important in the formation of jet streams.

CHAPTER V.

In this chapter the topography and the distribution of heat sources and sinks in January (fig. 5·2) and July (fig. 5·3) are described first.

Next we have surveyed the role of large-scale heat sources and sinks in the formation of mean atmospheric flow pattern and then we have reviewed the theories of small motions and finite amplitude of the disturbances due to large-scale topography. Comparing the theories of small motions and those of finite amplitude, it is found that they are quite similar. Therefore the resuets of the theories of small motion are good approximations. Finally the theory of the combined role of the heat source and the topography is presented.

From these theories we must view the role of the otpography and heat sources in the formation of mean flow pattern in the following way: The topography and heat sources must disturb the westerlies. Certain type of flow pattern will result. But as soon as the flow is disturbed, the disturbed flow will immediately in turn influence the distribution of the heat sources. At the same time the influence of geographically-fixed topography will also change with the change of tl e current flowing against it. Then through dynamic processes the heat sources and topography will again in turn influence the flow. Thus the role of topography, the influence of heat sources and the flow are mutually dependent and internally consistent.

CHAPTER VI.

In the first part of this chapter Kibel's[148] theory and then Blinova's[149] theory on the formation of the mean temperature field are reviewed. In the second part Kyrbatkin's[150] theory of the influence of thermal properties of land-and-sea on the formation of the temperature field is presented. Temperature fields predicted by the theories including only radiation and turbulence agree quite well with observations. But the importance of condensation and other physical mechanism in the formation of the mean temperature field is also pointed out by some simple calculations.

CHAPTER VII.

In this chapter the theory of long waves is first discussed from the view-point of the propagation of and the energy dispersion by the long waves. Secondly the instability criteria of long waves due to different authors are presented. Then the structure and mechanism of long waves are discussed. The role played by the vertical motion in instability is stressed. The potential energy is transformed into the disturbed kinetic energy when $\overline{wT'}>0$ (the bar meaning the average over a wave length). This is so when the temperature wave lags behind the pressure wave ($w'>0$ in front and $w'<0$ behind the trough). But the vertical motion of this kind will produce a temperature wave with a phase in advance of that of the pressure wave. Thus the vertical motion is a necessary condition for the instability of long waves (excluding the instability due to the horizontal shear which is far less important than the baroclinic instability), and at the same time it also in turn produces the factor which damps the long waves. Based on the fact that $\overline{w'T'}>0$ is necessary for long waves to be unstable, it is deduced that the most unstable wave is that with a temperature wave lagging behind the pressure wave 90° (see fig. 7·7a–b).

Finally the importance of the horizontal and the vertical shear of the westerlies in the instability is compared. In the westerlies calculated from the temperature distribution resulting from radiation equilibrium there will not be any latitude at which $\frac{\partial^2 u}{\partial y^2}=\beta$ which is the instability criterion given by the horizontal shear. Thus this criterion must be a result of certain dynamic process and it cannot occur by itself in the atmosphere. But the vertical shear given by the temperature field resulting from radiation equailibrium is enough to produce instability. Thus the baroclinic instability is a natural process in the atmosphere. Therefore the vertical shear is more important in the role of instability than the horizontal shear.

CHAPTER VIII.

This chapter discusses the mechanism of the maintenance of zonal circulation and its seasonal variation from the viewpoint of angular momentum balance. Utilizing the data over the whole globe, the average stress between the earth and the atmosphere and its annual variation are calculated. From this the exchange of angular momentum between the earth and the atmosphere is discussed. The past works on the angular momentum transfer is reviewed and also the physical mechanism producing northward transfer of angular momentum is presented.

The following points are worth mentioning:

1. The exchange of angular momentum between the earth and the atmosphere is carried out through two processes, namely, the skin friction and the mountain effect (the pressure difference between the two zonal sides of the mountain). The latter effect has been calculated over the whole globe (fig. 8·1). Then based on this calculation and the variation of total angular momentum of the whole atmosphere the exchange through skin friction has been estimated. It is found that throughout the whole year the earth draws angular momentum from the atmosphere through the mountain effect and gives angular momentum to the atmosphere through the skin friction in 10 out of 12 months. The two exceptional months are from June

to August. From July to January the total relative angular momentum of the whole atmosphere increases. But below 650mb the total relative angular momentum of the atmosphere decreses from July to January. This fact may be used to discuss the interaction between the earth and the atmosphere. When the mean surface wes terly circulation increases in intensity it will speed up the earth's rotation. But when the earth's rotation speeds up, the total angular momentum of the whole atmosphere must decrease as required by the constancy of the sum of angular momentum of the earth and the atmosphere. It is through the mean surface zonal circulation that the angular momentum of the earth and the air can communicate with each other.

2. Integrating the equation for the balance of angular momentum of the atmosphere to the north of the boundary surface between the easterlies and the westerlies we obtain an equation (8·16) in which the usual transfer term $(\iint \rho uvdxdz)$ is absent. In this equation we see that the loss of relative angular momentum is balanced by the transfer of angular momentum due to the earth's rotation by the Hadley cell. The branch of the Hadley cell enters into the easterlies at comparatively higher latitudes while the other branch enters into the upper westerlies at comparatively lower latitudes. In this way the angular momentum due to the earth's rotation is brought from the easterlies into the westerlies. Then the atmospheric disturbances bring this angular momentum northward to the middle and the high latitudes.

3. Many writers have shown that a straight zonal current with its vertical shear reaching certain value is unstable for long waves. This vertical shear usually exists in the real atmosphere. On this current let us superimpose an unstable wave $v = A \sin kx$. Initially the correlation between u and v is zero, i. e. $uv = 0$, the bar indicating the average over one wave length. Being unstable, the superimposed velo- city must be highly nongeostropic, otherwise the wave can not develop. Thus on the front side of the wave where $v > 0$ u will increase through the Coriolis force while in the rear where $v > 0$. u will decrease. Therefore as the unstable wave grows uv will become positive. The order of uv by this mechanism has been estimated. Giving $A = 5$—10 mps the calculated uv agrees closely with the observed value.

CHAPTER IX.

In this chapter we have discussed the physical process of the balance of kinetic energy in the atmosphere and the maintenance of general circulation from the energy point of view. At first the rate of production and dissipation of kinetic ener- gy in the mean field of motion of the lower half atmosphere is calculated for January and July. This calcualtion gives the distribution of sources and sinks of the kinetic energy in January and July. Then the transfer of kinetic energy in the vertical and the meridional direction is discussed. Finally the energy cycle based on the evaluation of the energy transformation functions from actual data is given.

We shall first mention figs. 9·5—9·6. They show respectively the distribution of the net rate of production of kinetic energy by mean motion (see equ. (9·6) below 500 mb in January and July. There are several points of interest. On the whole there is a net production of kinetic energy below 500 m.b. Thus to maintain balance this kinetic energy must be transported upward to the upper atmosphere. Therefore as far as the kinetic energy is concerned, on the average the lower atmosphere is a source for the upper atmosphere. In January (fig. 9·5) there are three main positive regions (positive—production, negative—dissipation) to the north of 50°N. One is near the Asiatic Coast, the second is near the east coast of North America and the third is near the White Sea over Europe. The first two are stronger than the third one. These three regions are just the regions where the upper troughs usually deepen. In July (fig. 9·6) the situation changes greatly. The distribution is fairly uniform. This agrees with the fact that in summer the region with the most pronounced deepening of troughs is not as obvious as in winter. There is in summer, however, one main positive area near the west coast of North America. This is the region of semipermanent trough in summer.

The mechanism of upward transport of kinetic energy is discussed. The work done by the lower atmosphere on the higher atmosphere is $\int wp d\sigma$, where σ is the surface separating the high and the lower atmosphere. This is equal to $R \int \rho Tw \, d\sigma$. Since there must be an upward trnasfer of sensitive heat to compensate for the radiational cooling in upper atmosphere, thus $\int wp \, d\sigma > 0$.

Similarly there is a work done on the atmosphere to the north by that to the south through the term $\int\int pv \, dxdz = R \int\int \rho Tv \, dxdz$ which is positive.

Equ. (9·13)—(9·14) and equ. (9·18)—(9·19) are equations of energy transformations in the atmosphere. Each term, except the dissipating terms, of these equations in the steady state are estimated from the observational data. Based on this estimationwe give an energy cycle in the atmosphere, as shown in fig. 9·7.

CHAPTER X.

This chapter discusses various processes of the transfers of sensible heat and water vapour in the meridional direction. The calculations of these transfers by different authors' are reviewed. Then the following four items are discussed: (1) Through what processes the heat transfer required by the radiation balance is carried out? (2) What is the role of the meridional circulation in the heat transfer? (3) Why does the magnitude of the meridional heat transfer show the observed distribution? (4) How is the upward heat transfer required by radiation balance in the upper atmosphere is carried out?

Among these discussions we shall mention the following points:

Some authors compared the amount of sensible heat transfer by large-scale disturbances (second row of table 10·1) to that required by radiation balance (last row of table 10·1). They can not agree. The calculated maximum transfer is near 55°N while that required by radiation balance is near 35°N. It is interesting to note that the transfer of sensible heat by large-scale disturbances agrees quite well with that required by non-uniform heating of the atmosphere (first row of table 10·1) calculated from fig. 4·3.

The third row of table 10·1 gives the sensible heat transfer by mean meridional circulation. The fourth row is the total sensible heat transfer ((2) plus (3)). The fifth row gives the transfer of latent heat by large-scale disturbances. The sixth is the total heat transfer by large-scale disturbances. The seventh is the total heat transfer by large-scale disturbances and mean meridional circulation. It is seen that the 7th row agrees quite well with the last row.

Of these calcuations the trnasfer of sensible heat by mean meridional circulation is the least accurate. Its order may, however, be estimated in the following way. This transfer is

$$S = 2\pi a \cos \varphi \; \frac{c_p}{g} \int_0^{p_0} \overline{T}\,\overline{v}\,dp = 2\pi a \cos \varphi \frac{c_p}{g} \left[\overline{T}_1 \int_0^{p_5} \overline{v}_1\,dp + \overline{T}_2 \int_{p_5}^{p_0} \overline{v}_2\,dp \right],$$

where the bar denotes the mean over the latitude circle, $p_5 = 500$ mb.

Since $\int_0^{p_0} \overline{v}\,dp = 0$, we have

$$S = 2\pi a \cos \varphi \frac{c_p}{g} \left(\overline{T}_2 - \overline{T}_1 \right) [\overline{v}_2] (p_0 - p_5),$$

where $[\overline{v}_2]$ denotes the mean of $\overline{v}_2$ between p_0 and p_5.

Giving $\overline{T}_2 = 260$, $\overline{T}_1 = 230$, $[\overline{T}] = 0.3$ mps and $\varphi = 45°$, we have $S = 2.1 \times 10^{14}$ cal./sec. This agrees with the ordet shown in table 10·1. This shows that the role of the mean meridional circulation in heat trnasfer can not be neglected as assumed by some authors.

CHAPTER XI.

In this chapter an attempt is made to give an internally consistent picture of the general circulation. The way to reach this goal is to try to relate the main physical mechanism with the physical processes operating in the general circulation. The following is the main discussion of this chapter.

The basic state of general circulation may be described as follows: In the mean meridional plane there are 3 cells, two direct and one indirect. (This is what we call mean meridional circulation). In the horizontal plane there are planetary wind belts (i. e. westerlies and easterlies). The wind distribution is not uniform. There is the so-called jet stream. Superimposed on these wind belts are lows and highs, troughs and ridges (large-scale disturbances). We call these the basic elements of the general circulation. They are not independent. They are mutually related and form an internally consistent integrity. In the course of formation of this integrity, besides the external factors (like solar radiation and the earth's rotation) acting on the atmosphere and the special scale of the atmosphere (i. e. the ratio of its vertical to its horizontal dimension), large-scale disturbances play a basic role.

From time to time the large-scale disturbances transport and redistribute the physical properties (as heat, angular momentum etc.) of the atmosphere. Through these transports and redistributions the large-scale disturbances tie up the elements of the general circulation. First of all under the action of the transfers of heat and angular momentum arising from large-scale disturbances and nonadiabatic heating the mean meridional circulation of the 3-cell type is formed. Simultaneous with this formation the planetary wind belts are shaped under the action of the earth's rotation. These wind belts in turn through the action of friction strengthen the mean meridional circulation. Thus the wind belts and the mean meridional circulation are mutually constrained. This may be seen from equ. (4·7) and (4·16). Not only in the course of their formation the large-scale disturbances play a basic role, but large-scale disturbances are also important in bringing them to the steady state under the action of friction.

In the formation of jet stream large-scale disturbances are also important.

On the other hand large-scale disturbances are also influenced by the wind belts. The scale and the phase velocity are determined by the intensity of zonal circulation. The shear of the zonal current determines the instability which controls the development of disturbances.

The mean flow pattern of the general circulation is determined largely by the land-and-sea distribution and topography which disturb the zonal current from time to time and determine the regions where the troughs and ridges usually deepen. It is in these regions that we observe the mean troughs and ridges. Thus the large-scale disturbances are partly determined by the action of topography and heating effect of the land and the sea. But the development of large-scale disturbances in turn will influence the distribution of heating and the effect of topography (because the topography will show different effects on different types of current). This is another side of the internal consistency of the general circulation.

The temperature field and the velocity field are also mutually constrained. The formation of the temperature field evidently depends, beside other factors, on the advection by velocity and heat transfer by disturbances. In turn, through thermal and dynamic processes, the temperature field will show considerable influences on the velocity field and thus also on the disturbances. This is one more side of the internal consistency of the general circulation.

Thus the elements of the general circulation are mutually consistent with each other. Among these elements the largescale disturbances are outstanding. It is mainly through the large-scale disturbances that the important elements of the general circulation are tied up. Here we should add that the scale of disturbances also play an important role in the various processes of the general circulation.

Not only the main elements of general circulation are mutually constrained. The main physical processes of the general circulation are also mutually related. By main physical processes we mean those processes which are operating in the balance of important physical properties of the atmosphere, such as heat, water vapour, kinetic energy and angular momentum.

First of all we shall discuss the process of heat transfer. To balance the radiational cooling, heat must be transported northward and upward. This requires that

$$\overline{Tv} > 0 \quad \text{and} \quad \overline{Tw} > 0.$$

In the structure of the unstable disturbances, temperature waves lag behind pressure waves, thus giving $\overline{Tv} > 0$. But in the front of a trough $w > 0$ and in the rear $w < 0$. Thus we also have $\overline{Tw} > 0$ which, as seen previously, is the condition for the development of unstable disturbances. Therefore northward and upward transport must occur simultaneously. They are two sides of an unstable disturbance. Not only are they results of unstable disturbances, but both of them also produce factors which lead the unstable disturbances to damping.

We shall further point out that over 70% of the northward heat transport occurs below 500 mb. It may be shown that the heat transported northward above 500 mb. is not sufficient to cover the radiational cooling. Therefore there must be an upward heat transport to make up the compensation. Thus we see that the simultaneous occurrence of $\overline{Tv}>0$ and $\overline{Tw}>0$ and the rapidly upward decrease of the northward heat transport are internally consistent. If the heat transported northward increased with height so that it overcompensated the radiational cooling of the upper atmosphere, then there would be a mean downward heat transport ($\overline{Tw}<0$) to the north of certain latitude. However, if $\overline{Tw}<0$, according to the structure of disturbances $\overline{Tv}<0$ also. This evidently can not be the case.

Further when $\overline{Tv}<0$ and $\overline{Tw}<0$, then most of the disturbances are damping disturbances. In chapter VIII we have seen that it is through unstable disturbances that the positive correlation between u and v ($\overline{uv}>0$) is produced. If most of the disturbances are damping, then the requirement of northward transport of angular momentum can not be fulfilled. Therefore the process of angular momentum transfer and that of heat transfer are also related.

How is the process of kinetic energy balance related to the other physical processes? The equation for the balance of kinetic energy of the whole atmosphere may be written as

$$\frac{\partial}{\partial t}\int K\,d\tau = -\frac{c_p}{c_v}\int RT\,\frac{d\rho}{dt} - \int D\,d\tau,$$

where $K=\frac{\rho}{2}(u^2+v^2+w^2)$ and D is the rate of dissipation per unit volume. Since $D>0$, we require in the mean that

$$-\int RT\,\frac{d\rho}{dt}\,d\tau >0,$$

i. e., a negative correlation between T and $\frac{d\rho}{dt}$. Since the individual change of ρ is mainly due to vertical motion, a negative correlation between T and $\frac{d\rho}{dt}$ means a positive correlation between T and w, i. s. $\overline{Tw}>0$. Therefore associated with the process of heat transfer the conversion from potential energy to kinetic energy is accomplished.

From the above discussion we see that the main physical processes operating in the atmosphere are connected with one another. In connecting these physical processes the unstable disturbances play an important role.

Though these physical processes are closely connected, yet they have important differences. For instances, with the development of unstable disturbances the positive correlation between u and v increases and reaches a maximum at the final stage of the development of disturbances (see chapter VIII). But the heat transfer decreases with the development of disturbances. When the unstable disturbances reach their final state isotherms and isobars are roughly parallel with each other, thus the heat transfer ceases. Further the maximum angular momentum transfer occurs near the tropopause, but the maximum heat transfer occurs in the lower atmosphere. This is another difference. This difference is in narmony with the requirement of the other aspects of the general circulation. As already shown the upward decrease of the northward heat transport is a necessity for the fulfillment of $\overline{Tw}>0$ (required by both the compensation of radiational cooling in the upper atmosphere and the occurence of unstable disturbances). Because of the existence of the Hadley cell, the angular momentum generated in the easterlies by skin friction is brought to the upper atmosphere. Therefore the maximum angular momentum transfer occurs in the upper atmosphere.

Finally we shall say a few words about friction. In this chapter we have stressed the role of unstable disturbances. Without friction damping disturbances would play an entirely opposite role of unstable disturbances. On the average the number of unstable disturbances must be equal to that of damping disturbances. If so, the effect of unstable disturbances and that of damping disturbances would cancel each other. Then there would be no systematic transfer of heat, no conversion of potential energy into kinetic energy by disturbances (which is an overwhelmingly large part of the conversion) and no northward transfer of angular momentum. However, friction is always present in the atmosphere. With friction the damping disturbances will not go through the opposite course of the unstable disturbances. With frictional dissipation always present disturbances will start to damp far from the ideal neutral stage. In other words the disturbances start to damp when the temperature wave still lags behind the pressure wave. Therefore even in damping disturbances, at least in first stage of damping, there is still northward and upward heat transfer, hence there is also conversion of potential energy into kinetic energy. Thus we see the importance of friction in the general circulation.

LEGENDS

Fig. 1.1 Mean zonal westerlies (mps) averaged over all longitudes, (a) winter (b) summer[1].

Fig. 1.2 Mean January (1951—55) cross section along 140°E[6].

Fig. 1.3 Mean cross section along 120°E, July–August, 1956[8].

Fig. 1.4 Mean January cross section along 80°W[11].

Fig. 1.5 Mean July cross section along 80°W[11].

Fig. 1.6 Mean January (1952) cross section from Tromso, Norway to Daker, Africa[15].

Fig. 1.7a Mean January difference of westerlies between the cross sections along 140°E and 80°W[8].

Fig. 1.7b Mean January difference of temperature between the cross sections along 140°E and 80°W[6].

Fig. 1.8a Mean July difference of westerlies between the cross sections along 120°E[8] and 80°W[10].

Fig. 1.8b Mean July difference of temperature between the cross sections along 120°E[8] and 80°W[10].

Fig. 1.9 Mean 500mb chart, January[18].

Fig. 1.10 Mean 500mb chart, July[18].

Fig. 1.11 Mean surface chart, January[19].

Fig. 1.12 Mean surface chart July[19].

Fig. 1.13 Distribution of frequency of cyclogenesis in winter[20].

Fig. 1.14 Distribution of frequency of cyclogenesis in summer[20].

Fig. 1.15 Mean geostrophic zonal speed over 500mb surface, January[18].

Fig. 1.16 Mean geostrophic zonal speed over 500mb surface, July[18].

Fig. 1.17 Mean meridional circulation in the winter half year of 1950[26].

Fig. 1.18 Mean meridional circulation in the summer half year of 1950[26].

Fig. 1.19 Mean divergence over 500mb surface, January $(10^{-7}\ \text{sec}^{-1})$[28].

Fig. 1.20 Mean divergence over 500mb surface, July $(10^{-7}\ \text{sec}^{-1})$[28].

Fig. 1.21 Mean vertical motion (cm·sec^{-1}) in the lower half atmosphere, January[28].

Fig. 1.22 Mean vertical motion (cm·sec^{-1}) in the lower half atmosphere, July[28].

Fig. 1.23 Vertical distribution of mean temperature[29] (left: winter, right: summer).

Fig. 1.24 Annual variation of mean monthly height profile of 500mb surface along 50°N.

Fig. 1.25 Annual variation of 500mb zonal wind speed, (a) 100°E—120°E, (b) 100°W—80°W.

Fig. 1.26 Vertical cross section of 5-day mean zonal wind speed, May–June, 1956[35]: (a) 45°E, (b) 90°E, (c) 120°E, (d) 165°E and (e) 80°E.

Fig. 1.27 Vertical cross section of 5-day mean zonal wind speed, October—November, 1956[35]: (a) 45°E, (b) 90°E, (c) 120°E, (d) 165°E and (e) 80°W.

Fig. 1.28 Variation of the average latitudinal position (120°E—150°W 1932—34) of the subtropical ridge over southern Pacific[35].

Fig. 1.29 Model of formation of blocking high on 500mb during the period of instability[41].

Fig. 1.30 500mb chart[46] (a) 1500 GCT, 21 February, 1956, (b) 1500 GCT, 29 February, 1956 and (c) 1500 GCT, 10 March, 1956.

Fig. 2.1 The difference between the absorption of solar radiation (a) and emmision of long wave radiation (6)[57].

Fig. 3.1 Distribution of velocity before and after adjustment and of pressure after adjustment between pressure and velocity field[71].

Fig. 4.1 Distribution of the influence function $4(v/v_0)^{1/2}G$ of a point source at 500mb and 45°N[81].

Fig. 4.2 Meridional circulation produced by the forced function $f\dfrac{\partial \chi'}{\partial p}$[81].

Fig. 4.3 Latitudinal average heating, °C·day^{-1}. solid line for January, (1000—500mb)[28] and dotted line for December, whole atmosphere[100].

Fig. 4.4 Variation of mean meridional wind (cm·sec^{-1}) in the upper atmosphere with latitude (ordinate) and time (abcissa)[82].